Hélène Valot

Définition d'une politique d'écotourisme intercommunale

Hélène Valot

Définition d'une politique d'écotourisme intercommunale

Etude appliquée au territoire Coeur du Bassin (Aquitaine, Gironde)

Presses Académiques Francophones

Mentions légales / Imprint (applicable pour l'Allemagne seulement / only for Germany)
Information bibliographique publiée par la Deutsche Nationalbibliothek: La Deutsche Nationalbibliothek inscrit cette publication à la Deutsche Nationalbibliografie; des données bibliographiques détaillées sont disponibles sur internet à l'adresse http://dnb.d-nb.de.

Toutes marques et noms de produits mentionnés dans ce livre demeurent sous la protection des marques, des marques déposées et des brevets, et sont des marques ou des marques déposées de leurs détenteurs respectifs. L'utilisation des marques, noms de produits, noms communs, noms commerciaux, descriptions de produits, etc, même sans qu'ils soient mentionnés de façon particulière dans ce livre ne signifie en aucune façon que ces noms peuvent être utilisés sans restriction à l'égard de la législation pour la protection des marques et des marques déposées et pourraient donc être utilisés par quiconque.

Photo de la couverture: www.ingimage.com

Editeur: Presses Académiques Francophones est une marque déposée de Südwestdeutscher Verlag für Hochschulschriften GmbH & Co. KG
Heinrich-Böcking-Str. 6-8, 66121 Sarrebruck, Allemagne
Téléphone +49 681 37 20 271-1, Fax +49 681 37 20 271-0
Email: info@presses-academiques.com

Produit en Allemagne:
Schaltungsdienst Lange o.H.G., Berlin
Books on Demand GmbH, Norderstedt
Reha GmbH, Saarbrücken
Amazon Distribution GmbH, Leipzig
ISBN: 978-3-8381-8935-2

Imprint (only for USA, GB)
Bibliographic information published by the Deutsche Nationalbibliothek: The Deutsche Nationalbibliothek lists this publication in the Deutsche Nationalbibliografie; detailed bibliographic data are available in the Internet at http://dnb.d-nb.de.

Any brand names and product names mentioned in this book are subject to trademark, brand or patent protection and are trademarks or registered trademarks of their respective holders. The use of brand names, product names, common names, trade names, product descriptions etc. even without a particular marking in this works is in no way to be construed to mean that such names may be regarded as unrestricted in respect of trademark and brand protection legislation and could thus be used by anyone.

Cover image: www.ingimage.com

Publisher: Presses Académiques Francophones is an imprint of the publishing house Südwestdeutscher Verlag für Hochschulschriften GmbH & Co. KG
Heinrich-Böcking-Str. 6-8, 66121 Saarbrücken, Germany
Phone +49 681 37 20 271-1, Fax +49 681 37 20 271-0
Email: info@presses-academiques.com

Printed in the U.S.A.
Printed in the U.K. by (see last page)
ISBN: 978-3-8381-8935-2

Remerciements

Tout d'abord, je tiens à remercier *Emmanuelle Lavernhe*, tutrice de stage, d'avoir accepté de suivre l'élaboration de ce mémoire. Dès le début de ce projet, nous nous sommes très bien entendues, ce qui nous a permis de mettre en place une collaboration des plus cordiales. Tous ses judicieux conseils, remarques et orientations pertinentes m'ont été bénéfiques ; et je salue son soutien dans les moments difficiles et ses encouragements permanents qui m'ont toujours incité à persévérer et à garder confiance en mon travail.

Aussi, je remercie toute *l'équipe de l'Office de Tourisme Intercommunal du Cœur du Bassin* pour leur accueil chaleureux, leur disponibilité et leur soutien, notamment lors du travail pratique de terrain, nécessaire à la réalisation de ce mémoire. Leur aide qui a consisté en la mise à ma disposition d'une multitude de documents et de personnes ressources m'a permis d'enrichir mes recherches bibliographiques et d'entrer en contact avec les acteurs touristiques locaux.

Egalement, je salue *mon entourage familial et amical* pour leur soutien et leurs encouragements et leur indéniable désir d'assister à ma réussite, ce qui représente pour moi un important moteur d'énergie me poussant toujours plus à la persévérance. Leurs mots me rassurent, me donnent confiance en moi et finalement m'incitent à placer la barre plus haut…

Glossaire

- **CdC** : Communauté de Communes

- **CG 33** : Conseil Général de la Gironde

- **CNUED** : Conférence des Nations Unies pour l'Environnement et le Développement

- **CPIE** : Centre Permanent d'Initiatives à l'Environnement

- **COBAN** : COmmunauté de communes du Bassin d'Arcachon Nord

- **COBAS** : COmmunauté de communes du Bassin d'Arcachon Sud

- **CRTA** : Comité Régional du Tourisme d'Aquitaine

- **CSP** : Catégorie Socio-Professionnelle

- **CUB** : Communauté Urbaine de Bordeaux

- **EPIC** : Etablissement Public à Caractère Industriel et Commercial

- **GRAINE** : Groupe Régional d'Animation et d'Information sur la Nature et l'Environnement

- **GRP** : Grande Randonnée de Pays

- **IDF** : Ile De France

- **MOA** : Maîtrise d'Ouvrage

- **MOE** : Maîtrise d'Œuvre

- **OMT** : Organisation Mondiale du Tourisme

- **ONG** : Organisation Non Gouvernementale

- **ONU** : Organisation des Nations Unies

- **OT** : Office de Tourisme

- **OTI** : Office de Tourisme Intercommunal

- **PIB** : Produit Intérieur Brut

- **PNB** : Produit National Brut

- **PNUE** : Programme des Nations Unies pour l'Environnement

- **PNUD** : Programme des Nations Unies pour le Développement

- **PNR :** Parc Naturel Régional
- **PNRLG :** Parc Naturel Régional des Landes de Gascogne
- **SCOT :** Schéma de COhérence Territoriale
- **SIBA :** Syndicat Intercommunal du Bassin d'Arcachon
- **SNCF :** Société Nationale des Chemins de Fer Français
- **SPIC :** Service Public Industriel et Commercial
- **SIVU :** Syndicat Intercommunal à Vocation Unique
- **SYBARVAL :** SYndicat mixte du Bassin d'ARcachon VAL de l'eyre
- **TER :** Train Express Régional
- **TGV :** Train à Grande Vitesse
- **TIES :** The International Ecotourism Society
- **VTT :** Vélo Tout Terrain
- **ZNIEFF :** Zone d'Intérêt Ecologique Faunistique et Floristique

Sommaire

REMERCIEMENTS...I

GLOSSAIRE... II

SOMMAIRE IV

INTRODUCTION 1

ETAT DES LIEUX 3

I.   Introduction à l'écotourisme : définition et enjeux d'une forme de tourisme

palliative 4

    A.   Zoom sur le fait touristique : de la mondialisation du tourisme au

    développement durable 4

    B.   Les fondements du développement durable : trois sommets, une définition

    et trois piliers... 10

    C.   Le tourisme durable : héritier du développement durable et géniteur de

    l'écotourisme... 14

    D.   Etude de marché de l'écotourisme en France 18

II.   Etude des clientèles touristiques de l'Aquitaine au Cœur du Bassin

d'Arcachon 26

    A.   Introduction des territoires d'étude 26

    B.   Les tendances générales du tourisme sur ces territoires d'étude 32

    C.   Les clientèles touristiques d'Aquitaine face à celle de l'écotourisme 42

III.   L'organisation du territoire Cœur du Bassin... 46

    A.   L'organisation territoriale 46

    B.   L'organisation touristique 66

    C.   L'organisation institutionnelle 78

IV.   Benchmark territorial, zoom sur un exemple à suivre : la démarche

écotouristique du Seignanx... 87

    A.   Carte d'identité du territoire.. 87

    B.   L'engagement écotouristique du Seignanx 91

DIAGNOSTIC **95**

I. Le réseau d'acteurs 96

II. Les aménités territoriales 98

III. L'activité touristique... 99

IV. La démarche environnementale................................ 101

STRATEGIE... **103**

I. Axe I : Animation et sensibilisation des publics sur le thème de
l'environnement 108

   A. Objectif 1 : Diversifier la gamme de produits organisés et encadrés par
l'OTI autour de la valorisation et de la préservation des patrimoines identitaires
locaux. 108

   B. Objectif 2 : Inciter à l'éco-responsabilité des publics que sont le personnel
de l'OTI, les prestataires et les visiteurs accueillis. 109

II. Axe II : Renforcer le réseau d'acteurs/partenaires pour une adhésion
maximale aux principes de la démarche écotouristique. 109

   A. Objectif 1 : Fédérer les prestataires (hébergeurs et de loisirs) du territoire
Cœur du Bassin en un réseau d'éco-acteurs respectant les valeurs de
l'écotourisme... 110

   B. Objectif 2 : Accentuer la collaboration avec les institutionnels dont le
territoire de projet intègre le Cœur du Bassin.............................. 110

   C. Objectif 3 : Développer les partenariats avec le réseau associatif local .. 110

III. Axe 3 : Définir une politique de marketing territorial pour identifier le
territoire comme destination écotouristique. 111

   A. Objectif 1 : Faire évoluer l'appellation de l'OTI en une marque de
territoire Cœur du Bassin, reflet de ses valeurs patrimoniales et de son offre
touristique.. 112

   B. Objectif 2 : Elaborer un plan de communication promouvant le
positionnement écotouristique du territoire 112

PLAN D'ACTIONS... **113**

   ACTION 1 : 121

Rédiger un guide des écopratiques.. 121

ACTION 2 : 123

Animer des ateliers de formations sur le développement durable 123

ACTION 3 : 125

Définir le code de la marque 125

ACTION 4 : 127

Créer un site Internet dédié 127

ACTION 5 : 129

Solliciter les associations de développement local 129

ACTION 6 : 131

Créer de nouvelles formules de produits 131

ACTION 7 : 133

Instituer une veille institutionnelle et documentaire efficace.......... 133

ACTION 8 : 135

Décliner une gamme de produits souvenirs écologiques 135

ACTION 9 : 137

Installer des points informations sur le développement durable 137

ACTION 10 : 139

Mettre en place une signalétique d'interprétation du patrimoine 139

CONCLUSION **143**

WEBOGRAPHIE... **145**

TABLE DES ILLUSTRATIONS... **147**

ANNEXES **150**

SOMMAIRE DES ANNEXES **151**

TABLE DES MATIERES **163**

Introduction

*L*e territoire *Coeur du Bassin*, ensemble des trois communes de Biganos, Audenge, Lanton, constitue un territoire de projet, soit un périmètre présentant une cohésion géographique sans rupture ni discontinuité, économique et socioculturelle. C'est un lieu d'actions collectives et de partenariats qui fédèrent ces trois communes ainsi que leurs organismes socioprofessionnels, leurs entreprises et associations, autour d'un projet commun de développement touristique local, fondée sur les valeurs de l'écotourisme.

En, effet depuis la création de l'office de tourisme intercommunal d'Audenge et Lanton en 2004, la politique touristique menée par ce territoire repose sur le développement d'un tourisme durable à travers la mise en valeur des patrimoines identitaires locaux ; ce grâce à des animations et des visites fondées sur un objectif de sensibilisation des clientèles à la préservation de l'environnement. En 2009, l'intégration de Biganos à l'OTI *Coeur du Bassin* permet la mise en commun de la compétence tourisme et la mutualisation des moyens sur ce territoire de projets. L'extension du périmètre d'intervention de l'OT constitue alors l'opportunité de renforcer son positionnement touristique durable, en affirmant sa volonté de s'engager dans une démarche écotouristique.

Afin de concrétiser cet engagement, la direction de l'OTI *Cœur du Bassin* a décidé de recruter un étudiant stagiaire, en finalisation de cursus, et de lui confier la réalisation d'une étude de faisabilité quant à la pertinence d'un positionnement nouveau et à son adéquation avec les caractéristiques du fait touristique local. La commande précise que le rapport inclut un état des lieux des pratiques mises en place par les prestataires locaux (hébergeurs et de loisirs), en matière de développement durable, afin de dégager le degré d'engagement de chacun à la préservation de l'environnement.

L'objectif de cette étude consiste donc en la définition des orientations stratégiques de la politique environnementale du *Cœur du Bassin*, devant permettre l'ancrage pérenne de son positionnement écotouristique. En d'autres termes, il s'agit d'identifier l'OTI comme structure de référence en matière de développement touristique durable sur le Bassin d'Arcachon, pour finalement faire du *Cœur du Bassin*, le berceau de l'écotourisme arcachonnais.

Pour ce faire, trois axes principaux guident la rédaction, reflet des trois types d'organisation de l'intercommunalité Biganos-Audenge-Lanton : territoriale, touristique et institutionnelle. Chacun est analysé successivement dans les quatre parties du rapport, à savoir : un état des lieux et un diagnostic permettant de dégager les lacunes et les dynamiques du territoire ; ces dernières sont ensuite mises en exergue dans l'élaboration d'une stratégie et déclinées dans un plan d'actions budgété et rétro-planifié.

ETAT DES LIEUX

I. Introduction à l'écotourisme : définition et enjeux d'une forme de tourisme palliative

A. Zoom sur le fait touristique : de la mondialisation du tourisme au développement durable

Initialement, pratique élitiste et européenne au début du 19ème siècle, le tourisme s'est rapidement diffusé en-dehors du continent européen, exploitant et alimentant les voies coloniales mondiales. A partir du milieu du 20ème siècle, la réduction du temps de travail et la généralisation des congés payés favorisent la pratique d'activités de loisirs et de détente ; ce qui s'accompagnent de la démocratisation des transports et de la hausse du niveau de vie. C'est alors qu'émerge une nouvelle forme de tourisme, dit de masse, correspondant à la concentration des touristes en un même site ; affluant sur les côtes littorales en période estivale et dans les stations de montagne en saison hivernale.

1. Le baromètre du tourisme : une activité génératrice de richesses et de déséquilibres de développement

Depuis le début des années 70, le tourisme est l'industrie qui connaît la plus forte croissance à l'échelle planétaire, à hauteur de 4% par an, atteignant 12% du PNB mondial en 2010, soit 850 milliards de dollars. Le nombre de touristes, quant à lui, a été multiplié par 25 en 50 ans, passant de 25 millions en 1950, à 702 millions en 2000, pour aujourd'hui approcher le milliard d'arrivées internationales (935 millions en 2010). Créateur de richesse, le tourisme est également générateur d'emplois, 235 millions de personnes y travaillent de façon directe ou indirecte, ce qui représente 8% de l'emploi mondial. D'après les prévisions de l'Organisation Mondiale du Tourisme (OMT)[1], le baromètre devrait atteindre 1,6 milliard de touristes et 2 000 milliards de dollars de recettes touristiques ainsi que 296 millions d'emplois d'ici 2020[2].

---

[1] Organisme intergouvernemental auquel les Nations Unies ont confié les missions de promotion et développement touristique.
[2] OMT, 2010.

4

Ces indicateurs laissent à penser que le tourisme international génère des capitaux et des retombées économiques positives dans l'ensemble des pays touristiques, qu'ils soient développés ou en voie de développement. Cependant, les recettes sont très souvent réparties de façon inégale, s'expliquant notamment par le fait que la quasi-totalité des touristes internationaux sont originaires des Pays du Nord ; et 80% d'entre eux voyagent au sein même de ces pays riches. Ainsi ¾ des recettes touristiques s'échangent à l'intérieur de la sphère occidentale tandis que dans certains Etats du Sud, où le tourisme constitue bien souvent l'un des principaux, voire l'unique, moteurs de développement de l'économie locale, 80 à 90% des bénéfices engendrés reviennent finalement aux nations développées.

La mondialisation, processus de libéralisation des marchés et des échanges, ainsi que l'implantation, sous-jacente, au Sud des plus grands groupes touristiques internationaux sont à l'origine de ces déséquilibres, en termes de flux touristiques et financiers. En effet, le secteur du tourisme se caractérise par une forte concentration spatiale, non seulement des échanges internationaux de visiteurs mais aussi des investissements. Les entreprises du Nord (groupes hôteliers, compagnies de transport, tour-opérateurs…) interviennent à l'échelle mondiale en réalisant dans les régions du Sud, des investissements lourds en infrastructures, bénéficiant ainsi des profits engendrés localement.

2. Les impacts de l'activité touristique sur l'environnement

Bien que le tourisme puisse être un facteur de croissance économique, il a néanmoins des conséquences néfastes sur l'environnement tant naturel que socio-économique, impactant de fait négativement sur les ressources sur lesquelles il est pourtant fondé.

a. Des sources de pollution environnementales multiples

Un environnement naturel et paysager de qualité représente une ressource importante pour l'industrie touristique, qui encourage l'implantation de ses activités au sein d'un milieu privilégié ; où la beauté des paysages, l'intégrité de la nature et la diversité des espèces végétales et animales constituent les facteurs clés d'attraction des touristes. Or, si le développement touristique est mal planifié et géré, il peut aggraver les problématiques écologiques et accentuer la dégradation de l'environnement en portant atteinte aux écosystèmes et à la qualité des ressources naturelles. En effet, un nombre trop élevé de visiteurs exerce des pressions importantes sur le milieu naturel et entraîne sa détérioration par des pollutions aux sources multiples, concernant à la fois l'air, l'eau et la nature.

Par exemple, la consommation énergétique de l'industrie touristique pour les transports jusqu'au lieu de destination, les déplacements lors du séjour et les activités auxquelles s'adonnent les touristes, contribue de façon importante à la pollution atmosphérique et aux émissions de gaz à effet de serre. A eux seuls, les transports vers les lieux de destination engendrent environ 980 tonnes métriques de CO_2, dont 52% causés par les déplacements aériens, 43% par les automobiles et 5% par les autres moyens de transport (autobus, train et bateau). Les émissions totales de dioxyde de carbone liées aux touristes ont augmenté de façon constante au cours des cinquante dernières années et représentent aujourd'hui 5% de toutes les émissions de CO_2 d'origine humaine[1]. A titre indicatif, un aller-retour Paris-New York consomme autant d'énergie qu'une personne pendant un an.

Dans un autre domaine, la problématique des ressources en eau et de son intense consommation constitue également un facteur de pollution territoriale. Dans de nombreux pays du Sud, le tourisme épuise les ressources en eau, restreignant les quantités nécessaires aux populations locales pour subvenir à leurs besoins vitaux. Cela met en relief les conflits d'usage entre la consommation destinée aux autochtones et celle nécessaire pour les installations touristiques. Un touriste séjournant dans un hôtel, en période estivale, consomme trois fois plus d'eau par jour qu'un habitant local, soit en moyenne 500 litres quotidiens. Aussi un complexe

---

[1] *Les impacts du tourisme sur l'environnement*,
disponible sur http://www.eveil-tourisme-responsable.org/label-tourisme-responsable.php

touristique disposant d'un terrain de golf d'une superficie comprise entre 50 et 150 hectares, nécessite un million de m^3 d'eau par an pour rendre verdoyante sa pelouse, soit l'équivalent de la consommation d'une ville de 120 000 habitants[1].

Egalement, l'activité touristique engendre des tonnes de déchets qui malgré des mesures de ramassage et de nettoyage, certaines ordures restent accumulées dans les milieux naturels et aquatiques. A titre d'illustration, un paquebot de croisière génère 50 tonnes de déchets solides et 7,5 millions de litres de déchets liquides dont 800 000 litres d'eaux sanitaires et 130 000 litres d'eaux grises. Seule une partie de ces déchets est traitée et la majeure partie rejetée directement dans l'océan. Cela a pour conséquence la pollution du fond des mers, des ports et régions côtières ainsi que l'exercice d'une pression sur les sites terrestres pouvant entraîner de graves risques environnementaux et sanitaires et des coûts de nettoyage importants[2].

Enfin, les infrastructures touristiques, notamment les immeubles d'hébergement, peuvent constituer une pollution visuelle si leur intégration paysagère ne respecte pas les critères d'urbanisme locaux. La construction du bâti dégrade alors la qualité du paysage en contrastant avec les aménités spatiales. De plus, le secteur du tourisme est un important consommateur d'espace et de foncier, empiétant sur les zones naturelles et les réduisant au fur et à mesure de son développement. Ainsi les trois quarts des dunes de sable de la côte méditerranéenne ont disparu en raison de l'urbanisation touristique. A cette érosion, s'ajoute celle des plages et littoraux reflétant la rupture de la continuité terre-mer ; et qui accompagnée du piétinement de la végétation en-dehors des sentiers balisés, entraînent la perte de la biodiversité et de la qualité paysagère.

---

[1] http://www.deroutes.com/AV6
[2] http://www.voyageons-autrement.com/croisiere-loisirs/impacts-environnement.html

b. Les impacts sur l'environnement socioculturel

L'activité touristique associée à la marchandisation massive de ses produits (activités de loisirs, manifestations culturelles…) conduit à la mutation des cultures locales en un système réducteur des us et coutumes pour tendre vers le folklore de l'identité autochtone. En effet, les touristes, en quête de dépaysement et d'exotisme, cherchent à s'immerger dans le mode de vie local afin de vivre des expériences inédites. Or, ces mêmes touristes désireux d'authenticité, souhaitent retrouver des facteurs reconnaissables et identitaires de leur propre culture pour évoluer à la fois dans un environnement regroupant leurs repères et des éléments correspondant à l'imaginaire de la destination/du site. Il s'agit du phénomène de la standardisation du tourisme consistant à créer un contexte touristique dans lequel le touriste évolue dans sa sphère coutumière tout en s'immergeant dans un milieu correspondant à ses représentations stéréotypées. Ainsi les manifestations culturelles perdent de leur authenticité lorsqu'elles s'adaptent aux goûts des visiteurs : la culture indigène est réduite aux seuls clichés dans l'ignorance complète des valeurs et idéologies des peuples autochtones. A titre d'exemple, certains artisans font évoluer la conception et l'usage de leurs produits artisanaux pour les adapter aux attentes de leurs clientèles, un objet traditionnel devient finalement un bibelot pour touriste.

Egalement, le tourisme, secteur d'activités caractérisé par des flux de visiteurs et d'échanges, conduit souvent à une rencontre entre deux champs socioculturels éloignés, où il existe des limites au changement de système social d'une personne et à la compatibilité avec une culture différente. Ces limites, lorsqu'elles sont dépassées, peuvent entraîner des incompréhensions profondes, des intolérances, qui dégradent la relation interculturelle. A cela s'ajoutent des déséquilibres économiques lorsque les locaux prétendent au même style et niveau de vie que les étrangers en visite sur leur territoire : des dépenses excessives peuvent mettre les familles dans des situations difficiles et les risques de tensions sociales et ethniques s'amplifient. Certains comportements de touristes (habillement, consommation d'alcool…) qui ne respectent pas les normes sociales, culturelles et religieuses du pays, sont susceptibles de créer des ressentiments chez certains habitants locaux et provoquer des réactions d'extrémisme.

Enfin, l'industrie touristique provoque parfois des conflits d'usage dans l'utilisation des ressources comme l'eau et l'énergie ou encore l'espace. Ainsi un système de concurrence et de rivalités s'installent entre les activités touristiques et les autres activités locales. Les autochtones sont parfois amenés à contribuer au coût d'infrastructures et d'équipements d'approvisionnement et/ou traitement de l'eau, nécessaires à la mise en place d'activités touristiques. Aussi, des conflits liés à l'aménagement du territoire peuvent naître du fait de la confrontation des usages traditionnels de l'espace d'une part et de l'implantation d'infrastructures touristiques d'autre part. La valeur économique du tourisme, générateur de capitaux et d'emplois, est considérée comme plus importante ; les usages traditionnels sont alors relégués au second plan.

L'industrie touristique génère donc des impacts environnementaux multiples : pollution atmosphérique, importante consommation et quantité de déchets rejetés ainsi qu'atteinte à l'environnement socioculturel local. Ces nuisances étant proportionnelles à la démographie, autochtone et touristique, doivent rapidement être prises en considération, dans un contexte de croissance dynamique. Les estimations de l'OMT à l'horizon 2020, prévoyant une croissance assidue des arrivées internationales, interrogent alors sur la durabilité de l'activité touristique et la compensation de ses effets pervers.

Néanmoins, depuis quelques années avec l'émergence d'un contexte de préoccupations sociales et environnementales accru, le tourisme doit faire face à la prise de conscience mondiale de ses méfaits. Il est confronté à la question de sa compatibilité avec les principes fondamentaux du développement durable, devant concilier valorisation des communautés locales et respect de l'environnement. Cela favorise l'émergence d'un tourisme dit alternatif : le tourisme durable, qui se positionne alors comme solution palliative, capable d'accorder le développement économique, la protection de la nature et le bien-être des sociétés autochtones.

B. Les fondements du développement durable : trois sommets, une définition et trois piliers

Il a fallu attendre le milieu du 20ème siècle pour s'intéresser à l'environnement dans le système économique mondial. Suite à de nombreuses catastrophes écologiques (nucléaire, maritime, industrielle…), la prise en compte des écosystèmes devient une priorité dans la planification des activités humaines. Les populations découvrent alors des pollutions à l'échelle planétaire comme le trou dans la couche d'ozone, les pluies acides, les gaz à effet de serre ou encore la désertification et la déforestation… Ainsi dès les années 50, une réflexion est menée sur la conciliation du développement économique et la protection de l'environnement.

1. Naissance d'un concept : de l'écodéveloppement au développement durable

En 1951, l'Union Internationale pour la Conservation de la Nature[1] rédige un état des lieux des écosystèmes dans le monde, premier rapport constatant que les activités économiques impactent négativement sur l'environnement ; et émettant l'idée de la conciliation de l'économie et de l'écologie. Vingt ans plus tard, en 1972

---

[1] Première association environnementale mondiale créée en 1948, pour encourager les sociétés à la conservation de la nature et à l'utilisation durable des ressources naturelles.

le Club de Rome[1] dénonce dans son rapport <u>Halte à la Croissance</u>, les risques liés à la forte croissance économique et démographique influant sur l'épuisement des ressources (énergie, eau, sols), la pollution et la surexploitation des milieux naturels. Dès lors, la notion d'écodéveloppement se dessine, prônant une croissance zéro : théorie selon laquelle l'activité économique devrait se qualifier par la stabilité et l'équilibre ; et non pas la continuité et l'augmentation accrue. Lors de la Conférence des Nations Unies pour l'Environnement et le Développement (CNUED ou premier Sommet de la Terre), qui s'est déroulée à Stockholm le 5 juin 1972, cette notion d'écodéveloppement est définie comme un modèle de développement économique compatible avec l'équité sociale et la préservation écologique permettant donc de concilier le développement humain et l'environnement. Celui-ci affirme également la nécessité de remettre en cause les modes de développement des pays du Nord et des pays du Sud, générateurs de déséquilibres économiques et de dégradations environnementales. La conférence a abouti à la création du Programme des Nations Unies pour l'Environnement (PNUE), complément du Programme des Nations Unies pour le Développement (PNUD).

La notion d'écodéveloppement est rapidement écartée au profit du concept de développement durable, initialement traduit en français par *développement soutenable*, puis par *développement viable* et c'est finalement *développement durable* qui est adopté. En effet, c'est lors de la Commission Mondiale sur l'Environnement et le Développement (en préparation du Sommet de Rio), dit Brundtland, du nom de Mme Gro Harlem Brundtland qui l'a présidée en 1987, que ce concept est naît. Celui-ci est défini comme « *un développement qui répond aux besoins du présent sans compromettre la capacité des générations futures à répondre aux leurs* ». Le développement durable est ensuite consacré par 182 Etats lors du Sommet de la Terre à Rio de Janeiro en 1992, qui adoptent également le programme Agenda 21. Il s'agit d'un plan d'actions, non contraignant (sans portée

---

[1] Le Club de Rome est un groupe de réflexion, sous forme d'association créée en 1968, qui rassemble scientifiques, économistes, chercheurs et industriels de 53 pays. Ensemble ils étudient l'activité humaine pour proposer des solutions aux grandes problématiques mondiales.

juridique), qui présente les recommandations concrètes à adopter et à mettre en œuvre pour promouvoir un développement durable. En 2002, la troisième édition du Sommet de la Terre qui s'est tenue à Johannesburg, visait à faire un bilan de la précédente rencontre en étudiant les réalisations du programme Agenda 21 et en le renforçant d'axes prioritaires tels que l'eau, l'énergie, la biodiversité et la santé.

2. Une définition officielle et trois piliers fondamentaux

Le développement durable, tel que défini lors de la commission Brundtland en 1987 constitue la définition dite officielle, c'est aussi la plus connue et adoptée par tous :

« Le développement durable doit répondre aux besoins du présent sans compromettre la capacité des générations futures à répondre aux leurs ».

A partir de celle-ci, trois piliers fondamentaux se déclinent, chacun correspondant à un domaine d'intervention de ce dit développement :

- **L'économique :** il s'agit de mettre en place un modèle économique efficace afin de favoriser une création de richesses pour tous à travers des modes de production et de consommation durables. Ce pilier repose sur l'utilisation rationnelle des ressources naturelles en limitant leur prélèvement afin de permettre leur maintien et leur pérennité ; sur la mise en place d'une coopération internationale en encourageant le commerce équitable entre les pays du Nord et du Sud ; et sur l'intégration des coûts environnementaux et sociaux dans les prix des biens et services. Finalement, la croissance économique doit être planifiée dans le respect de ses corollaires que sont l'environnement et le social.

- **L'environnement :** préserver, améliorer et valoriser l'environnement sont les maîtres mots de ce pilier visant à la conservation et à la gestion durables des ressources naturelles par le maintien des grands équilibres écologiques (climat, biodiversité, océans, forêts…), la réduction des risques et la préservation des impacts environnementaux, ainsi que la maîtrise de l'énergie et l'économie des ressources non renouvelables (pétrole, gaz, charbon, minerais…).

- **Le social :** ce pilier correspond au développement humain des sociétés, c'est-à-dire satisfaire les besoins essentiels des populations. Ainsi il s'agit d'appréhender les enjeux de l'équité sociale, à savoir : garantir l'accès au logement, à l'alimentation, à l'éducation et aux soins ; lutter contre l'exclusion et la pauvreté ; ainsi que réduire les inégalités et respecter les cultures.

L'objectif général du développement durable est donc le maintient de l'équilibre entre ses trois fondements que sont l'efficacité économique, la pérennité environnementale et l'équité sociale. En d'autres termes il s'agit de garantir une croissance raisonnée préservant à la fois les intérêts écologiques et socio-environnementaux des sociétés. Ce mode de développement s'appliquant notamment à la gouvernance des territoires à travers par exemple, la mise en place d'un Agenda 21 local, s'applique aussi à l'industrie touristique, qui face à la prise de conscience de ses impacts négatifs sur l'environnement, évolue vers des formes de tourisme alternatif. Le tourisme durable a ainsi émergé dans les années 90 dans l'objectif de respecter et préserver les ressources sur lesquelles il est fondé, tout en intégrant les fondements du développement durable afin de garantir la viabilité de son activité à long terme.

C. Le tourisme durable : héritier du développement durable et géniteur de l'écotourisme

1. Le tourisme durable, alternative au tourisme de masse[1]

L'idée d'un tourisme dit durable a émergé avec la prise de conscience que le tourisme de masse dégrade tant l'environnement naturel que socioéconomique en portant atteinte à la pérennité des ressources sur lesquelles l'activité touristique est pourtant fondée. C'est donc dans la nécessité d'un tourisme palliatif à ces atteintes environnementales qu'est né le tourisme durable, alternative au développement touristique mal maîtrisé.

Les réflexions autour de cette notion sont apparues dans le prolongement des travaux du sommet de Rio en 1992, qui ont défini le tourisme comme un domaine d'application du développement durable ; et les recommandations de l'Agenda 21 une opportunité de mettre en place un système de gouvernance touristique à l'échelle des territoires. Peu avant, en 1988 l'OMT définissait le tourisme durable comme une façon de gérer « *toutes les ressources de telle manière que les besoins économiques, sociaux et esthétiques puissent être satisfaits tout en maintenant l'intégrité culturelle, les processus écologiques essentiels, la diversité biologique et les systèmes vivants* ». Puis en 1995, la Conférence Mondiale sur le Tourisme de Lanzarote aboutit à la rédaction de la Charte du Tourisme durable, qui reprend des éléments de définition de l'OMT pour produire un ensemble de préconisations à destination des acteurs d'un tourisme maîtrisé. Ce document officiel, révisé en 2004, s'articule autour d'une vingtaine d'articles visant à garantir l'équilibre entre l'environnement, l'économie et le socioculturel ; afin d'inscrire le tourisme dans une dynamique durable et pérenne. La Charte se décline en trois axes principaux, chacun correspondant à un des piliers fondamentaux du développement durable :

---

[1] Rédigé à partir de : extrait de la *Charte du Tourisme Durable de 1995*, disponible sur http://www.tourisme-solidaire.org/ressource/pdf/charte_ts.pdf ;
Historique du Développement Durable, disponible sur http://www.bourgogne.gouv.fr/assets/bourgogne/files/dvlpt_durable/Historique%20du%20DD.pdf ;
Vertigo, la revue de en sciences de l'environnement, écotourisme et développement durable, disponible sur : http://vertigo.revues.org/4575

- *Exploitation optimale des ressources environnementales* en maintenant et préservant les écosystèmes et en contribuant à la sauvegarde de la biodiversité.

- *Viabilité pérenne d'une activité économique* garantissant l'équité des échanges, la réalisation de bénéfices, la stabilité des emplois, l'accès aux services sociaux des communautés d'accueil et contribuant à la réduction de la pauvreté.

- *Respect de l'authenticité socioculturelle des communautés d'accueil* en conservant leurs patrimoines architectural bâti et immatériel.

Finalement, les Nations Unies ont appliqué les principes du développement durable à un tourisme dit durable, celui-ci ayant pour objectif de réduire l'impact de ses activités sur l'environnement et de favoriser le respect des intérêts économiques et culturels des populations locales. Le tourisme durable se positionne donc comme un moyen de générer une activité touristique maîtrisée, constituant ainsi une stratégie d'organisation de la production touristique.

Dès lors, le tourisme durable, forme générique d'un tourisme palliatif aux méfaits environnementaux, a donné naissance à une diversité de forme de développement touristique ; chacune mettant en œuvre des principes d'éthique, de solidarité, d'éco-responsabilité ou encore de respect de la biodiversité et de découverte des patrimoines environnementaux…

2. Le tourisme durable dans tous ses états

Le tourisme durable a engendré l'émergence de plusieurs formes de tourisme qui s'attachent à approfondir un ou plusieurs piliers fondamentaux du développement durable. Les différents types peuvent être regroupés en deux catégories distinctes, l'une fondée sur le développement local des régions d'accueil, l'autre sur l'équilibre entre découverte et protection du milieu naturel. Ainsi le tourisme éthique se concentre sur les piliers économique et socioculturel en garantissant l'efficacité

15

économique, la rencontre humaine et le partage social. Les formes de tourisme dit vert (de nature, rural, écotourisme) se concentrent, quant à elles, sur le volet environnement en intégrant des objectifs de respect des écosystèmes, de découverte des différents patrimoines et de sensibilisation des touristes.

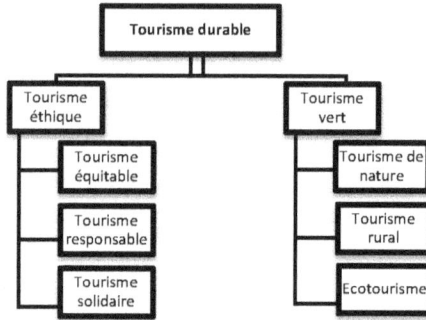

Figure 1 : Les différentes formes de tourisme alternatif[1]

- **Le tourisme éthique** consiste en la valorisation des communautés d'accueil, en mettant l'accent sur l'équité des échanges et l'enrichissement culturel mutuel des populations autochtones et touristiques. Il se décline en trois types de tourisme, à savoir :

  o *Le tourisme équitable* se fonde sur les principes du commerce équitable et insiste sur la juste rémunération des acteurs locaux et l'achat de produits respectueux de l'environnement.

  o *Le tourisme responsable* insiste sur les rencontres culturelles et sociales, et la connaissance des réalités locales.

  o *Le tourisme solidaire* s'inspire des deux précédents (équitable et responsable) et intègre un volet de participation aux financements de projets locaux socioculturels et de solidarité.

---

[1] H.Valot, M2 AGEST, 2010-2011

- **Le tourisme vert** s'intéresse à la valorisation d'un patrimoine identitaire régional et à son terroir dans un objectif de découverte et de sensibilisation au respect de l'environnement. Trois types de tourisme intègrent cette dynamique, à savoir :

    o *Le tourisme de nature* est assimilé à la pratique d'activités de plein air et sportives en milieu naturel. Il s'adresse essentiellement à une clientèle sportive, amatrice d'aventure et de randonnées en tous genres (pédestre, cycliste, équestre…).

    o *Le tourisme rural* consiste en la valorisation d'une identité régionale agreste à travers la découverte des patrimoines qu'ils soient écologique et naturel, architectural, culturel, gastronomique ou encore immatériel.

    o *L'écotourisme* est une démarche de valorisation des richesses écologiques d'un milieu naturel dans un double objectif de sensibilisation des publics et de planification d'une activité touristique réduisant et compensant ses impacts négatifs sur l'environnement.

Le tourisme durable apparaît donc comme une stratégie d'organisation touristique fondée sur les trois piliers du développement durable et intégrant une diversité de types de tourisme, chacun d'eux focalisé sur un aspect de l'environnement : naturel, économique, socioculturel.

Un lien étroit s'établit donc entre développement durable et tourisme : face à la prise de conscience des dégâts environnementaux causés par l'industrie touristique de masse, le développement durable apparaît comme le vecteur de l'émergence d'un développement touristique maîtrisé. Il s'agit du tourisme durable, forme générique d'un tourisme fondé sur les piliers du développement durable. Son apparition a engendré la création de plusieurs filières de spécialisation sur l'une des ressources fondamentales du tourisme, à savoir les aspects liés à l'environnement naturel, économique et culturel.

Ainsi l'écotourisme se positionne comme un degré ultime de développement touristique durable en milieu naturel, concentré sur le pilier environnemental. Forme de tourisme sans définition officielle, l'écotourisme apparaît aujourd'hui comme un modèle de planification touristique territoriale de plus en plus usitée des territoires de projet mais aussi des touristes en quête de produits clairement identifiés et de prestations au cœur de milieux à la diversité écologique préservée. Marché en pleine croissance, comment l'offre écotouristique française actuelle se qualifie t'elle ?

D. Etude de marché de l'écotourisme en France

1. Définition

L'écotourisme, terme issu de la contraction des mots *écologie* et *tourisme*, est une forme de développement touristique durable issu des principes du développement durable appliqués à l'industrie touristique. Ce type de tourisme se focalise sur le volet environnement naturel et le décline en trois principales priorités :

- *La préservation de la biodiversité :* un des objectifs de ce tourisme écologique est de découvrir ou d'inciter à la découverte des richesses de la nature, des paysages et espèces végétales particulières tout en respectant les écosystèmes, voire en contribuant à les restaurer. L'écotourisme apparaît comme une activité cherchant à diminuer son empreinte écologique sans pour autant interdire la fréquentation des milieux sauvegardés ; mais à limiter les flux sur site en responsabilisant les visiteurs.

- *La sensibilisation des publics à l'éco-responsabilité* constitue en effet la seconde priorité. Elle vise à mieux sensibiliser les pouvoirs publics, la société civile, le secteur privé et les consommateurs à la capacité de l'écotourisme à contribuer à la préservation des écosystèmes et du patrimoine culturel dans les zones naturelles. Cela passe par des missions d'éducation et d'interprétation de l'environnement pour une prise de conscience de la part des populations locales et touristiques de la nécessité de conserver le capital naturel et culturel.

- **La planification d'une activité réduisant et compensant ses impacts environnementaux** doit passer par la connaissance des méthodes et techniques à employer pour planifier, gérer, réglementer et contrôler l'écotourisme afin de garantir sa viabilité de façon durable. Ce troisième axe vise à mettre en place une politique de gestion rigoureuse de l'écotourisme afin de limiter les atteintes portées aux milieux naturels et de garantir le maintien de la biodiversité et le respect de l'identité locale ; pour finalement contribuer au bien-être des populations autochtones.

Aujourd'hui, l'écotourisme n'est pas défini de façon officielle, néanmoins la définition de la Société Internationale d'Ecotourisme (TIES : The International Ecotourism Society), datant de 1991, est la plus citée pour qualifier cette forme de tourisme durable : « *L'écotourisme est une forme de voyage responsable dans les espaces naturels qui contribue à la protection de l'environnement et au bien-être des populations locales* »[1]. D'après cette définition, l'écotourisme devient un des moyens de valorisation de la biodiversité en intégrant une dimension éthique et éco-citoyenne. Il constitue donc un mode de développement permettant d'évoluer en des milieux préservés où l'activité touristique est maîtrisée et ses méfaits réduits afin d'offrir tant aux habitants qu'aux touristes un cadre de vie privilégié. Cette forme de tourisme vise finalement à concilier l'équilibre entre la viabilité d'une activité touristique en croissance continue et la préservation des milieux et espèces naturels, tout en garantissant aux territoires et populations d'accueil la mise en valeur de leur patrimoine identitaire et le bénéfice des retombées positives de l'écotourisme.

---

[1] L'écotourisme, un concept fructueux pour le tourisme français, Etat des lieux de l'écotourisme en France, p. 49 http://www.tec-conseil.com/IMG/pdf/esp_ecot.pdf

2. L'offre écotouristique française

L'écotourisme dans le monde constitue un marché en pleine expansion avec une croissance des voyages liés à la nature, estimée par l'OMT entre 10 et 30% par an ; tandis que les séjours écotouristiques représentent 20% des voyages internationaux. En revanche, en France l'écotourisme ne constitue à l'heure actuelle qu'une niche de marché, en croissance constante néanmoins.

a. Un tourisme empreint de développement local rural

L'écotourisme en France s'appuie sur les politiques de développement local et sur les acquis du tourisme rural pour construire son offre de produit. Celle-ci se caractérise par la découverte d'un patrimoine naturel identitaire couplée à une mission de sensibilisation environnementale ; et des formes multiples d'accueil chez l'habitant (chambres d'hôtes, gîtes...) associées à un mode de restauration valorisant les producteurs et artisans locaux. L'écotourisme est ainsi considéré comme un mode de développement touristique s'exerçant à l'échelle locale d'un territoire de projet pour favoriser l'observation, l'interprétation, l'éducation et l'étude de son milieu naturel, ses paysages, et de sa faune et sa flore ; et l'appréciation du patrimoine identitaire. Les objectifs de cette forme de tourisme sont corrélés à ceux du tourisme rural dont l'ambition est la valorisation d'une identité régionale agreste à travers la découverte des patrimoines qu'ils soient écologique et naturel, architectural, culturel, gastronomique ou encore immatériel (Cf. Partie I. I.C.2).

b. L'écotourisme, une dynamique impulsée par les PNR

La dynamique du tourisme rural s'est considérablement enrichie avec la création et la mise en place de la politique de gestion environnementale des Parc Naturels Régionaux (PNR) qui se révèlent aujourd'hui être de véritables fédérateurs, voire des laboratoires d'écotourisme, grâce à leur capacité à rassembler et à organiser les acteurs locaux autour d'objectifs novateurs et ambitieux souvent en accord avec les grands principes de l'écotourisme. En effet, le PNR des Landes de Gascogne (PNRLG) s'est par exemple engagé dans une démarche d'écotourisme en 2004 dans le but notamment de structurer un réseau d'acteurs locaux autour des valeurs de l'écotourisme. Ainsi près d'une soixantaine de prestataires (hébergeurs, de loisirs, restaurateurs…) se sont investis dans les valeurs de préservation et valorisation du patrimoine, de qualité d'accueil et d'échanges entre acteurs locaux. Par conséquent, ils doivent respecter des impératifs d'intégration paysagère de leurs installations et équipements, et de gestion environnementale rigoureuse (économies d'eau, d'énergie et traitement des déchets). Pour ce faire, ils sont formés et sensibilisés aux caractéristiques de leur patrimoine, de leur économie et de leur culture. Enfin, ils contribuent au développement local en favorisant les échanges et les liens avec les producteurs, artisans et entreprises du territoire.

Ces mouvements de structuration et de qualification d'une offre écotouristique ont convergé avec l'essor des activités de pleine nature, dont notamment les différentes formes de randonnée : pédestre, cycliste, équestre... La pratique des loisirs de plein air ont par ailleurs largement contribué à donner du sens à des territoires engagés dans une démarche écotouristique. A ce titre, le PNRLG a mis en place dans sa stratégie de développement, d'une part un axe ayant pour objectif l'affirmation des filières de randonnées douces et de découverte de la nature ; d'autre part un volet d'accompagnement des prestataires mettant en œuvre de nouvelles prestations touristiques afin de les qualifier de produits écotouristiques innovants (Cf. Partie I. III.A.1.c.).

Les PNR ont d'ailleurs été étroitement associés à la création et à la gestion de labels des Gîtes Panda et des Hôtels au Naturel. Ceux-ci ont par la suite été intégrés dans un réseau d'éco-hébergements, constitués aujourd'hui de ces deux derniers, rejoints entre autres par les éco-gîtes de Gîte de France, Rando Accueil et Clefs Vertes.

c. L'écotourisme porté par un réseau multi-acteurs

Les dispositifs de protection des espaces naturels, dont les PNR, mais aussi les réserves naturelles et le Conservatoire de l'espace littoral, complètent ce panorama de l'offre. Ils mènent également des politiques actives d'accueil et de sensibilisation des publics dans un objectif de sauvegarde et de conservation des milieux naturels préservés.

A ce réseau d'acteurs s'ajoutent également les Organisations Non Gouvernementales (ONG) et les voyagistes qui viennent compléter ce maillage institutionnel. La présence des organisations environnementales influencent grandement les actions entreprises en matière d'écotourisme puisqu'elles apportent leur contribution en matière de mise en valeur environnementale, d'aménagement et d'interprétation des milieux naturels. Aussi, elles constituent un soutien du point de vue de leurs compétences scientifiques et de leur coopération financière aux projets de développement écotouristiques.

Egalement, certains voyagistes, soucieux de se faire connaître comme participant à une démarche écotouristique, intègrent ce réseau d'éco-acteurs du fait de leur implication dans la gestion environnementale de leurs offres. Ils cherchent en effet à valoriser l'environnement dans leurs produits touristiques en minimisant leurs impacts sur les écosystèmes. Certains mettent en place des certifications internes à leur organisation, sous la forme de pictogramme pour identifier et qualifier d'écotouristique leur prestation.

Le paysage écotouristique français se caractérise donc par une offre articulée autour d'un hébergement géré par les acteurs locaux et parfois écolabellisé, de la valorisation directe de la production locale, et de la découverte d'un patrimoine naturel identitaire. Cette offre écotouristique se construit sous l'action et l'influence d'un réseau multi-acteurs, engagés dans une démarche de planification d'une activité écotouristique viable et pérenne. Elle intègre un double objectif, pouvant se résumer à deux volets : d'une part le respect de l'environnement par la réduction des impacts négatifs et la préservation de la biodiversité ; d'autre part l'éducation à l'environnement par la fédération des acteurs et la sensibilisation des publics.

3. Les caractéristiques du marché français de l'écotourisme[1]

a. Le profil des touristes

Les touristes pratiquant l'écotourisme sont généralement issus des populations urbaines, en quête de séjours ressourçant au cœur de milieu naturel privilégié. Ils ont tendance à avoir entre 35 et 50 ans et sont majoritairement représentés par la classe féminine. C'est une clientèle aux revenus moyens assez élevés, composée surtout de cadres supérieurs ou qui exerce une profession libérale ; et disposant d'un haut niveau social et d'éducation.

Les séjours d'écotourisme sont généralement de courte durée et fractionnés pendant l'année.

b. Les motivations de séjours

Les motivations les plus importantes pour le choix du produit et de la destination sont la découverte d'espaces naturels protégés (parcs et réserves) ainsi que la pratique d'activités sportives, surtout la randonnée. Ensuite viennent l'observation de la faune et la flore et la découverte de civilisations, traditions culturelles et gastronomiques. Les touristes mettent également en relation avec leurs motivations de séjours, un vif intérêt pour les sites culturels et la visite de monuments et sites architecturaux. Ils privilégient donc un produit regroupant des prestations diverses ; contrairement à des formules trop spécialisées réduite à la pratique d'une seule activité.

Les éléments décisifs dans le choix d'une destination nature sont la qualité des paysages, un environnement préservé et un patrimoine culturel. Certains touristes privilégient aussi l'immersion complète et le contact direct avec la nature. De même, la découverte de civilisations, de cultures et du patrimoine culturel en général influent dans le choix d'une destination.

---

[1] D'après une étude réalisée par l'OMT en 2002 : le marché français de l'écotourisme ; complété par une étude du PNRLG sur l'écotourisme.

c. La gamme de produits écotouristiques

Le marché français est peu enclin à la spécialisation, la gamme de produits proposés est par conséquent large, classique et diversifiée. Ainsi des activités variées sont en majorité combinées dans un produit incluant à la fois randonnée et visites de sites culturels. Généralement, les formules proposent :

- La randonnée guidée ou libre
- La découverte du patrimoine culturel avec un accompagnateur
- La découverte de civilisations, de traditions culturelles et gastronomiques

d. Les types d'hébergement

Les touristes concentrent leur choix sur des hébergements bon marché comme le camping et le gîte d'étape et s'intéressent également aux hébergements chez l'habitant (chambres d'hôtes).

e. Le niveau de prix des séjours écotouristiques

Le surcoût des prestations écotouristiques n'est pas une constante. Bien souvent leur prix est similaire à celui des produits classiques proposés par les tour-opérateurs généralistes. Les séjours d'écotourisme purs correspondent par contre, à la tranche de tarif la plus élevée des produits écotouristique ou des produits généralistes haut de gamme. Le surcoût de la contribution à un projet de développement, compris dans le forfait des séjours, peut s'avérer dissuasif pour le client. Mais de façon générale, il est observé une relative adéquation entre le prix des séjours proposés et les moyens financiers des français investis dans ce type de prestations.

f. Les moyens de communication de l'offre écotouristique

Les adeptes de l'écotourisme sont généralement des clients dit sophistiqués. Ce sont des voyageurs informés et exigeants. La diffusion de l'information par des cercles d'amis, des groupes de discussion sur Internet et des regroupements communautaires semblent répondre aux attentes de cette clientèle. Des sites web spécialisés dans le tourisme durable et responsable participent également à la diffusion de l'offre écotouristique.

Maintenant les définitions et principes du tourisme durable posés et le marché de l'écotourisme français analysé, l'étude s'intéresse dans un second temps à la vérification de l'adéquation des clientèles touristiques d'Aquitaine à celle de l'écotourisme. L'enjeu est de déterminer le potentiel d'attraction d'une cible de clientèle écotouristique, sur les territoires étudiés.

II. **Etude des clientèles touristiques de l'Aquitaine au *Cœur du Bassin d'Arcachon***

Ce second temps s'intéresse à l'étude des clientèles touristiques à différentes échelles de territoire. Les flux touristiques aquitains sont analysés afin d'approcher les tendances de la clientèle régionale. L'analyse se concentre également sur la destination du Bassin d'Arcachon afin de déterminer le profil des clientèles locales[1].

A. Introduction des territoires d'étude

1. L'Aquitaine, ...

a. ...cinquième région touristique française

L'Aquitaine, région administrative française du Sud-Ouest de la France, s'étend sur une superficie de 41 300 km² soit 8% du territoire national. Elle englobe cinq départements que sont la Gironde (33), la Dordogne (24), les Landes (40), le Lot-et-Garonne (47) et les Pyrénées-Atlantiques (64), correspondant à plus de 3 millions d'habitants. L'Aquitaine est la première région française de part sa superficie mais c'est aussi la cinquième région touristique de l'hexagone[2]. En effet, elle a enregistré en 2009 plus de 85 millions de nuitées et 11,5 millions de séjours.

L'Aquitaine présente un parc d'hébergement d'1,2 millions de lits touristiques à légère prédominance marchande à hauteur de 55% de ses lits. L'hébergement non marchand quant à lui représente 45% de l'offre d'hébergement globale. A noter également, la part non négligeable des résidences principales, comptabilisées à plus d'1,2 millions (1 212 578) ; offrant en moyenne un lit touristique non marchand (visites de la famille, d'amis, locations non déclarées...). Ces dernières portent la capacité d'accueil régionale globale à près de 2,5 millions de lits touristiques.

---

[1] L'ensemble de cette étude ainsi que les graphiques, tableaux, cartes et autres illustrations ont été réalisés à partir des documents suivants : La clientèle française en Aquitaine, profil et comportements, CRTA 2009 ; Les chiffres clés du tourisme en Aquitaine, CRTA édition 2005 ; Les clientèles étrangères en Aquitaine, CRTA édition 2006 ; La fréquentation du littoral Aquitain, profil et comportement, CRTA, édition 2004 ; Economie du Tourisme, Région Aquitaine, 2007 ; Quantifier et Qualifier la fréquentation touristique du Bassin d'Arcachon, SIBA, avril 2008 ; et à partir des sites Internet suivants : http://littoral.aquitaine.fr/ et http://www.aquitaine.pref.gouv.fr
[2] D'après le classement INSEE réalisé en 2009, sur la base de nombre de nuitées réalisées lors de la saison touristique de mai à septembre 2009.

b. ...un potentiel écotouristique

L'Aquitaine possède un patrimoine naturel régional diversifié, composé d'une variété de milieux et de sites d'intérêt écologique ; associant à la fois la chaîne de montagne des Pyrénées, la façade littorale, les espaces lacustres et les massifs dunaires et forestiers. En effet, la Région dispose de la plus vaste zone côtière d'Europe, qui s'étend sur un linéaire de 270 km du Nord de la Gironde à la frontière espagnole. La côte atlantique est jalonnée d'un massif dunaire de 230 kms de long, intégrant la plus haute dune d'Europe, la Dune du Pyla au sommet atteignant 104 mètres d'altitude. A ce paysage côtier, s'ajoute un patrimoine architectural identitaire qui ponctue les rivages médocains, landais et basques de ports de plaisance et de pêche.

Parallèlement au littoral, à moins de 5 kms de son rivage, s'étend une bande lacustre composée de 14 lacs dont les plus grands lacs d'eau douce de France (Lacanau, Carcans-Hourtin, Cazaux et Biscarosse), d'étangs et de dizaines de marais. La

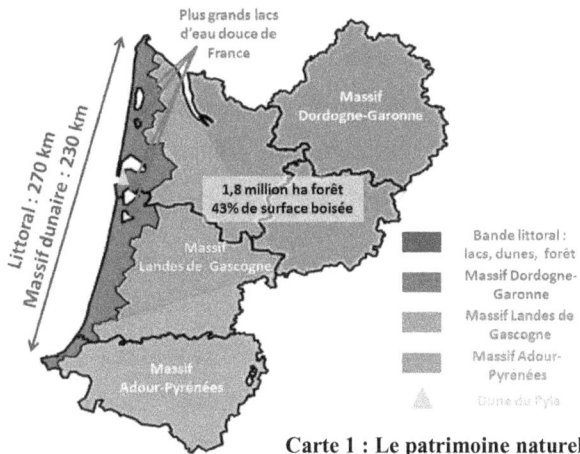

Carte 1 : Le patrimoine naturel régional

lagune du Bassin d'Arcachon, les estuaires de la Gironde, de l'Adour, de la Bidassoa, le Delta de l'Eyre ou encore la vallée de l'Isle viennent agrémenter ce panorama aquatique d'un patrimoine fluvial[1].

La bande lacustre du littoral aquitain est complétée par la densité du massif forestier régional qui s'étend sur 1,8 million d'hectares soit une surface de boisement de 43%, positionnant ainsi l'Aquitaine au premier rang des régions forestières

---

[1] Fond de carte : La fréquentation du littoral aquitain, CRTA, édition 2004

françaises. Il existe par ailleurs trois genres de massifs aquitains, chacun composé de type de végétation particulier : Dordogne-Garonne (Chênes, Noyers, Pins, Peupliers, Hêtres) ; Landes de Gascogne (Pins maritimes) ; Adour-Pyrénées (Chênes, Hêtres).

Le paysage aquitain se caractérise donc par l'étendue de son littoral et de son massif dunaires, doublés d'une bande parallèle au rivage constituée d'un vaste massif forestier ponctué d'espaces lacustres. Finalement, la diversité du patrimoine naturel de la façade atlantique peut se résumer en un triptyque : Dune-Forêt-Lac.

La sensibilité de ces espaces est attestée à travers des dispositifs de protection spécifiques : le Parc National des Pyrénées, les Parcs Naturels Régionaux des Landes de Gascogne et du Périgord-Limousin, les 18 sites naturels classés, les 17 réserves naturelles, les 12 zones de protection spéciales, les 12 arrêtés de protection de biotope, les 26 zones importantes pour la conservation des oiseaux, les 602 Zones Naturelles d'Intérêt Ecologique, Faunistique et Floristique (ZNIEFF), les 87 sites Natura 2000... soit environ 4 500 km^2 et 10% de la superficie régionale.

Ainsi il apparaît que la diversité des espaces naturels, au caractère remarquable et à la sensibilité attestée, fait l'objet d'une logique de conservation et de valorisation, par soucis de maintien et de pérennité des paysages aquitains. Cette démarche intègre les objectifs du développement durable via le volet environnement qui préconise la gestion durable des ressources naturelles par le maintien des grands équilibres écologiques (Cf. Partie 1.I.B.2.). De plus, les dispositifs de protection intègrent les périmètres des Parcs Naturels Régionaux, premiers ambassadeurs écotouristiques des territoires de projet (Cf. Partie 1.I.D.2.b.). Leur politique de gestion environnementale est en adéquation avec les grands principes de l'écotourisme que sont la préservation de la biodiversité, la sensibilisation des publics, ainsi que la réduction et la compensation des impacts sur l'environnement.

2. Le littoral

Le littoral aquitain s'étend sur 270 km de la Pointe de Graves au Nord de la Gironde à la Bidassoa au Sud des Pyrénées-Atlantiques. Il englobe 80 communes soit 10% du territoire régional et comprend 420 000 habitants soit 14% de la population régionale. L'intérieur des terres

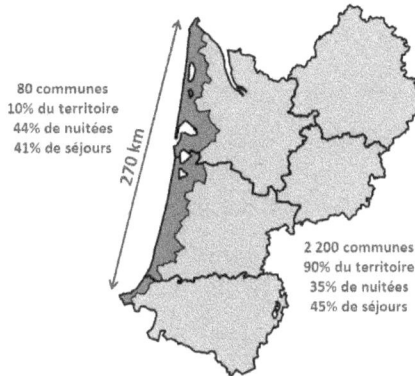

80 communes
10% du territoire
44% de nuitées
41% de séjours

270 km

2 200 communes
90% du territoire
35% de nuitées
45% de séjours

Carte 2 : Le littoral aquitain

constitue donc les 90% restants soit 2 200 communes et 2,8 millions d'habitants[1].

Le littoral dispose d'une capacité d'accueil de 750 000 lits touristiques (marchands et non marchands (résidences principales incluses)) soit près de 31% de la capacité d'accueil globale de l'Aquitaine. Chaque année, la façade littorale réalise 44% des nuitées régionales sur la période de mai à septembre soit près de 27 millions sur les 61 millions enregistrées par l'Aquitaine sur ces cinq mois de l'année. Cela correspond à 3,4 millions de séjours soit 41% de ceux réalisés (8,3 millions) sur cette même période saisonnière.

Le littoral girondin est le plus fréquenté avec 40% des touristes (en nombre de séjours et de nuitées) dont 56% se rendent sur le Bassin d'Arcachon et 44% sur la Côte Médocaine. Les littoraux des Landes et des Pyrénées-Atlantiques se placent au second et troisième rang avec respectivement 35 et 26% des touristes.

3. Le Bassin d'Arcachon

Le territoire du Bassin d'Arcachon correspond à celui couvert par le Syndicat Intercommunal du Bassin d'Arcachon (SIBA) à savoir l'ensemble des dix

---

[1] Fond de carte : La fréquentation du littoral aquitain, CRTA, édition 2004

communes ceinturant le pourtour du bassin. Il s'agit du Sud au Nord de : Arcachon, La Teste de Buch, Gujan-Mestras, Le Teich, Biganos, Audenge, Lanton, Andernos-les-Bains, Arès, Lège-Cap Ferret ; soit un territoire de 786km^2 comptant 105 193 habitants.

Les offices de tourisme de chacune de ces dix communes ont enregistré un total de 400 000 visiteurs en 2008.

Le parc d'hébergement du Bassin d'Arcachon présente une capacité d'accueil de 168 000 lits touristiques soit 14% du parc régional. Il se caractérise par la prédominance du non marchand sur le marchand à hauteur respectivement de 76% contre seulement 24%. Cela s'explique du fait de l'importance du nombre de résidences secondaires, équivalent à près du quart (23%) de la part régionale[1].

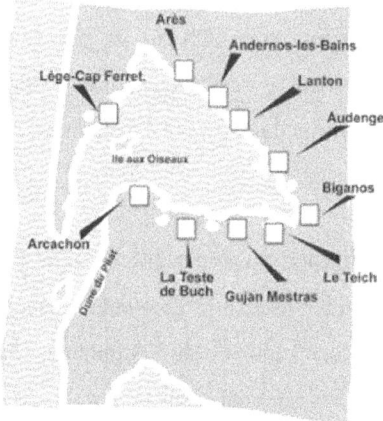

Carte 3 : Les communes du Bassin d'Arcachon

4. Le *Cœur du Bassin*[2]

Les trois communes, Biganos-Audenge-Lanton composent le territoire *Cœur du Bassin*, qui doit son appellation au fait qu'il soit situé à égale distance, soit une quarantaine de kilomètres, entre les deux extrémités du Bassin d'Arcachon, que sont Lège-Cap Ferret et Arcachon.

---

[1] Carte : http://www.siba-bassin-arcachon.fr/spip.php?rubrique=1
[2] Cette sous-partie a été rédigée à partir de documents et données internes à l'OTI *Cœur du Bassin*. Elle constitue une analyse brève du fait du manque de données statistiques disponibles à cette échelle locale de territoire.

Le *Coeur du Bassin* constitue un territoire de projet, c'est-à-dire un périmètre présentant une cohésion géographique (sans rupture ni discontinuité), économique et socioculturelle. C'est un lieu d'actions collectives et de partenariats qui fédèrent ces trois communes ainsi que leurs organismes socioprofessionnels, leurs entreprises et associations, autour d'un projet commun de développement local.

Ce territoire, partie intégrante du SIBA, s'étend sur une superficie de 275 km² dont 50% est couvert par le massif forestier des Landes de Gascogne, composé essentiellement de pins maritimes (Cf. partie I. II.A.1.b.). Il englobe 21 247 habitants et a accueilli au sein de son office de tourisme intercommunal (siège social à Lanton) et de ses deux antennes locales (Biganos et Audenge) plus de 30 000 visiteurs en 2010 (et plus de 25 000 internautes sur le son site web, soit 2,5 fois plus qu'en 2009).

Territoire *Cœur du Bassin*

CARTE D'IDENTITÉ DE TERRITOIRE : Biganos 33 380 – Audenge 33 980 – Lanton 33 138

Cœur du Bassin d'Arcachon

RÉGION : Aquitaine   DÉPARTEMENT : Gironde (33)   CdC : COBAN
PARTENAIRES : SIBA/PNR Landes de Gascogne /Pays Bassin d'Arcachon Val de l'Eyre

SUPERFICIE : 295 km²   NOMBRE HABITANTS : 21 247   DENSITÉ : 72hab/km²
NOMBRE TOURISTES : 30 000   NOMBRE LITS TOURISTIQUES : 6 600
NOMBRE NUITÉES : 363 780

EQUIPEMENTS HÔTELIERS : 5 hôtels/4 campings/19 chambres d'hôtes
EQUIPEMENTS LOISIRS : 4 clubs nautiques/4 centres équestres/1 Golf

ATOUTS TOURISTIQUES : 13 846 ha de forêt / 6 ports /20 km de pistes cyclables /
30 km de sentiers de randonnées

<<>> Territoire Cœur du Bassin <<>>
<<>> Biganos 33 380 <> Audenge 33 980<> Lanton 33 138 <<>>

Figure 2 : Carte d'identité du territoire *Coeur du Bassin*[1]

Grâce notamment à ses cinq hôtels, ses quatre campings et ses dix neuf chambres d'hôtes, le territoire dispose d'une capacité d'accueil de 6 600 lits touristiques

---

[1] H.Valot, M2 AGEST, 2010-2011

marchands soit 64% de l'hébergement global. Les 36% restants correspondent à la part du non-marchand. Le territoire a par ailleurs enregistré en 2010 plus de 360 000 nuitées.

B. Les tendances générales du tourisme sur ces territoires d'étude

1. La fréquentation du territoire régional, entre concentration et saisonnalité

a. En Aquitaine

La région Aquitaine a généré en 2009 plus de 11,5 millions de séjours et 85 millions de nuitées. 72% des séjours se sont déroulés entre mai et septembre. Parmi ceux-ci, 63% ont eu lieu durant les mois estivaux de juillet et août tandis que les ailes de saison, mai/juin et septembre, n'ont profité respectivement que de 23 et 14% des séjours.

Les flux touristiques en Aquitaine, qu'ils soient d'origine française ou étrangère, sont donc empreints d'une forte saisonnalité, en matière de séjours. Celle-ci est encore plus

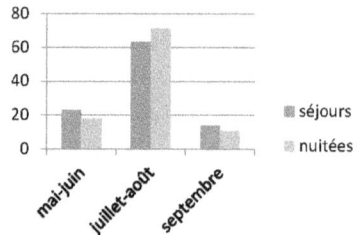

Graphique 1 : Répartition des séjours et nuitées sur la période de mai à septembre 2009

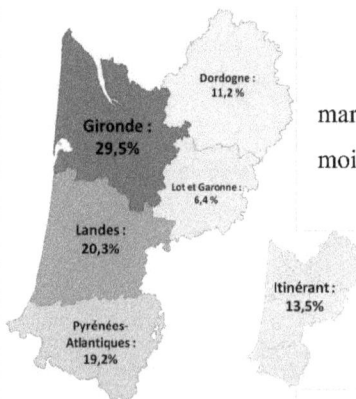

marquée en termes de nuitées atteignant 71% sur les mois de juillet/août mais plus atténuée sur les ailes de saison avec 18% en mai/juin et 11% en septembre.

Les touristes aquitains (français et étrangers), fréquentent majoritairement le département de

Carte 4 : Répartition des touristes dans les bassins de vie d'Aquitaine

la Gironde que ce soit en nombre de séjours (29,5%) ou en nombre de nuitées (26,2%) ;

32

puis non loin derrière le département des Landes à 20,3%, suivi de près par les Pyrénées-Atlantiques avec 19,2%. La Dordogne et le Lot-et-Garonne se classent respectivement au 4ème et 5ème rang avec les plus faibles parts : 11,2% et 6,4%. Enfin, les touristes ne séjournant pas dans un seul et unique département mais qui au contraire pratiquent l'itinérance, représentent 13,5% soit près de l'équivalent de la fréquentation du département de la Dordogne avec ses 11,2% de séjours[1].

Les espaces territoriaux les plus fréquentés par les touristes aquitains (français et étrangers confondus) sont les côtes littorales de chacun des trois départements disposant d'une façade atlantique : La Gironde, les Landes et les Pyrénées-Atlantiques. En effet, les bassins de vie tels que le Bassin d'Arcachon et les côtes Médocaine, Landaise et Basque enregistrent les plus forts taux de fréquentation de leur département d'appartenance. La fréquentation du territoire aquitain par zone, intérieur des terres, littoral et itinérant, peut ainsi s'illustrer :

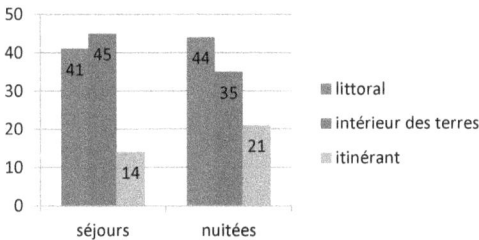

Graphique 2 : Fréquentation du territoire aquitain par zone

Ainsi il apparaît que le littoral est le lieu de 41 % des séjours, soit presque la même part que l'intérieur des terres avec 45%, sur un espace pourtant restreint. De plus, le nombre de nuitées est beaucoup plus important sur la façade atlantique (44%) que sur le reste du territoire aquitain (35%).

---

[1] Fond de carte : http://d-maps.com/carte.php?num_car=12869&lang=fr

c. Le littoral aquitain

Chaque année, la façade littorale réalise 44% des nuitées régionales sur la période de mai à septembre soit près de 27 millions sur les 61 millions enregistrées par l'Aquitaine sur ces cinq mois de l'année. Cela correspond à 3,4 millions de séjours soit 41% de ceux réalisés (8,3 millions) sur cette même période saisonnière.

Le littoral est donc fortement empreint de concentration puisque la majorité des séjours se déroulent sur ce territoire restreint ; ce à quoi s'ajoute le phénomène de la saisonnalité avec 69% des séjours et 72% des nuitées enregistrées sur les mois de juillet-août.

d. Le Bassin d'Arcachon

La clientèle touristique du Bassin d'Arcachon fréquentent avant tout les communes d'Arcachon et de la Teste de Buch pour près de la moitié d'entre eux (environ un quart respectif chacun). Puis Andernos, Gujan-Mestras, Arès et Lège-Cap Ferret représentent un tiers des fréquentations. Les communes du

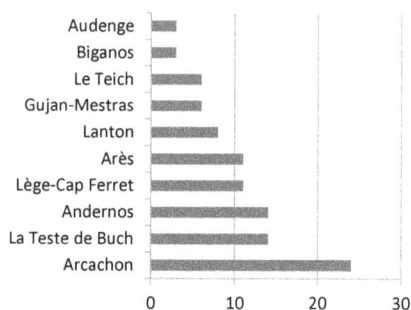

Graphique 3 : Fréquentation des communes du Bassin d'Arcachon

Cœur du Bassin (Biganos-Audenge-Lanton) et du Teich enregistrent quant à elles les plus faibles part. Ce territoire, aussi appelé le fond du bassin, correspond à la partie du Bassin d'Arcachon la moins populaire et réputée ; à l'inverse d'Arcachon et du Cap Ferret, villes les plus renommées. Cette réputation entache le *Cœur du Bassin* d'une image de territoire isolé, au faible dynamisme.

Finalement, la moitié des communes concentrent plus des deux tiers des visiteurs du territoire.

Les sites les plus visités sont ceux ayant construit la réputation du Bassin d'Arcachon, à savoir la Dune du Pyla, le Phare du Cap Ferret ainsi que l'Ile aux Oiseaux et les Cabanes Tchanquées. Ces hauts lieux touristiques enregistrent les plus fortes parts allant du tiers aux deux tiers en passant par la moitié des touristes. Suivent, les taux atteignant le quart des visiteurs comme les villages ostréicoles, la Ville d'Hiver d'Arcachon et le Parc Ornithologique du Teich. Plus loin, se positionnent les sites atteignant une dizaine de pourcents de touristes tels que le Domaine de Certes, la Maison de l'Huître ou encore le Banc d'Arguin.

A ce phénomène de concentration, s'ajoute celui de la saisonnalité, vérifiable d'après l'augmentation du trafic ferroviaire dès le mois d'avril sur le trajet Bordeaux-Bassin d'Arcachon. Egalement, les indicateurs tels que le pic d'activités de traitement des déchets et de production d'eau potable traduisent une croissance démographique durant les mois estivaux de juillet-août.

La saisonnalité s'illustre également en s'intéressant à la fréquentation des offices de tourisme du Bassin d'Arcachon. Par exemple, celui du *Cœur du Bassin* accueille en moyenne autour de 1000/1500 visiteurs sur les trois premiers et trois derniers mois de l'année, tandis qu'il en accueille près de cinq fois plus durant les mois de juillet-août[1].

2. Les facteurs d'attractivité

a. En Aquitaine

Les clientèles touristiques en Aquitaine, qu'elles soient françaises ou étrangères, sont de façon générale, attirées par les mêmes facteurs, à savoir le littoral et ses kilomètres de plages linéaires et le climat agréable : les idéals au repos, à la pratique de la randonnée, à la visite d'une ville, que ce soit en famille ou entre amis. Viennent ensuite les activités culturelles et sportives comme la découverte de

---

[1] Sur la base du nombre de contacts clients (guichet, téléphone, internet)

l'identité locale (gastronomie, art de vivre, artisanat, fêtes…) et la pratique des sports cyclistes ou de glisse. Enfin, la diversité des territoires (campagne, montagne, grands espaces) et les divertissements (manifestations culturelles, parc à thème, évènement sportif…) ne représentent qu'une faible part des facteurs d'attractivité aquitains.

b. Sur le littoral

Les facteurs d'attractivité de la façade atlantique sont majoritairement la mer à 64%, suivi du climat à 40% et de la détente et du repos à 37%. Plus loin les activités sportives et de découverte sont mentionnées entre 20 et 10%, telles que la randonnée pédestre et cycliste, la visite de villages et sites naturels ou encore la gastronomie et l'art de vivre.

L'Aquitaine et le littoral présentent de facteurs d'attractivité similaires.

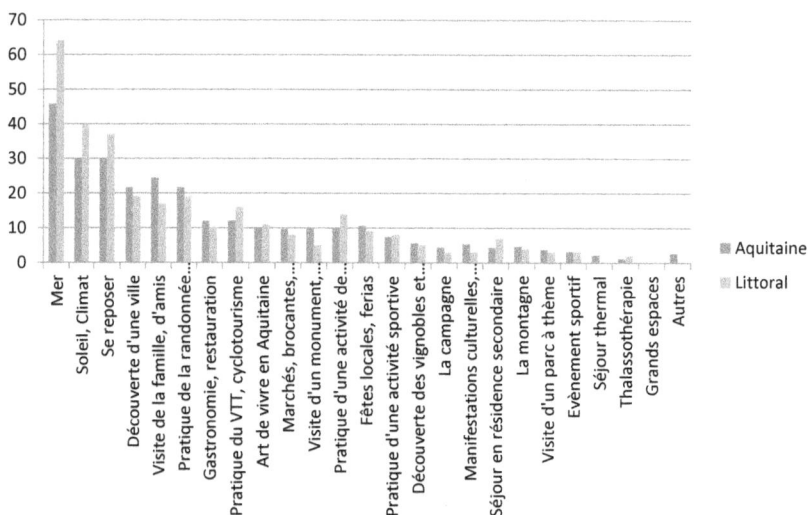

Graphique 4 : Les facteurs d'attractivité des clientèles touristiques en Aquitaine et sur le littoral

c. Sur le Bassin d'Arcachon

De façon générale, les touristes, qu'ils soient français ou étrangers, privilégient le Bassin d'Arcachon pour son contexte environnemental de qualité (nature, beauté des paysages, littoral), qui accompagné du climat agréable, constituent les facteurs idéals à la baignade, à la pratique de la randonnée cycliste et pédestre et à la visite des sites patrimoniaux faisant la renommée du territoire. La proximité avec la région de provenance, l'attachement au bassin et la notoriété de la destination constituent également des facteurs d'attractivité majeurs. Plus loin derrière, se positionnent la disponibilité dans les hébergements et la découverte de la culture locale (gastronomie, animations, festivals…). A noter également, d'autres facteurs liés à l'environnement, comme le calme, la forêt et le patrimoine architectural, influant dans le choix du Bassin d'Arcachon comme destination touristique.

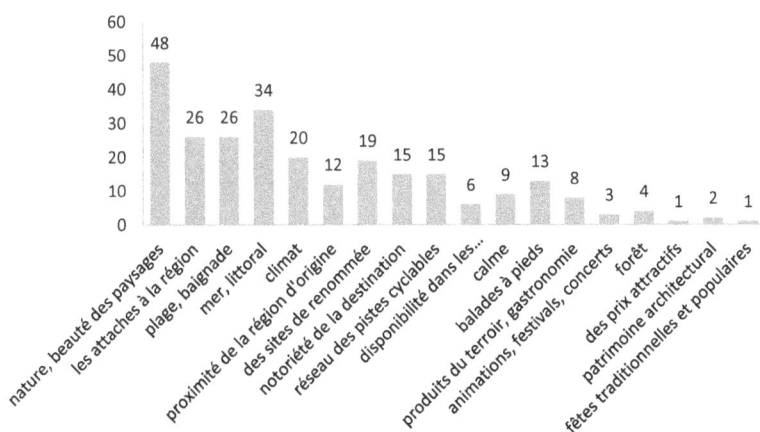

Graphique 5 : Les facteurs d'attractivité des clientèles touristiques du Bassin d'Arcachon

3. L'origine des clientèles touristiques

La clientèle touristique tant régionale, que littorale et locale, se caractérise par la prédominance des touristes français sur les étrangers. Les visiteurs français sont majoritairement des locaux aquitains et des franciliens, suivis par ceux issus des régions voisines de l'Aquitaine telles que les Midi-Pyrénées.

Les touristes étrangers, quant à eux, sont essentiellement d'origine nord-européenne avec une majorité de britanniques, d'hollandais et d'allemands.

Provenance	Aquitaine	Littoral	Bassin d'Arcachon	*Cœur du Bassin*
France	**84**	**85**	**90**	**96**
Aquitaine	27	22	22	37
Ile de France	16	18	14	11
Midi-Pyrénées	16	20	6	5
Pays de la Loire	7	4	5	8
Bretagne	3	2	3	6
Etranger	**16**	**15**	**10**	**4**
Angleterre	25	20	4	
Pays-Bas	21	16	1	
Espagne	14	14	2	
Allemagne	12	20	4	
Belgique	9	10	2	

Tableau 1 : L'origine géographique des touristes

4. Le profil des touristes

Le touriste aquitain ou fréquentant le littoral est plutôt une femme, âgée d'une quarantaine d'années, appartenant à une catégorie socioprofessionnelle supérieure ; séjournant en famille pour une durée moyenne de sept jours. En revanche, le touriste du Bassin d'Arcachon est un peu plus âgé, aux alentours de 46 ans. Il reste néanmoins une femme mais appartient à une CSP inférieure et séjourne plus longtemps, 11 jours, et en couple plutôt qu'en famille.

	Aquitaine	Littoral	Bassin d'Arcachon
Age Moyen	42 ans	42 ans	46 ans
Sexe	femme		Femme
CSP	CSP+	CSP+	CSP-
Composition du groupe	64% de familles 19% de couples 3 personnes	65% de familles 19% de couples 3 personnes	42% de couples 38% de familles 4 personnes
Durée de séjour	7,3 jours	7,9 jours	11 jours

Tableau 2 : Le profil des touristes

5. Le type d'hébergement

En Aquitaine, les touristes privilégient les hébergements non marchands et notamment les résidences principales de parents ou d'amis pour le tiers d'entre eux. L'hébergement marchand quant à lui est choisi par un peu moins de la moitié des touristes, qui optent majoritairement pour le camping, suivis de près par le locatif de type meublés et les hôtels et résidences de tourisme.

En revanche, sur le littoral et le Bassin d'Arcachon, l'hébergement marchand prime pour deux tiers des touristes. Ceux-ci préfèrent de loin le camping pour le quart voire le tiers d'entre eux, suivis comme en Aquitaine, des meublés, hôtels et résidences de tourisme. Concernant le non marchand, la tendance régionale se traduit à l'échelle locale par une préférence pour les résidences principales de parents ou amis.

	Types d'hébergement en% (sur la base du nombre de nuitées)	Aquitaine	Littoral	Bassin d'Arcachon
Hébergements marchands	Camping	17	24	33
	Hôtels et résidences de tourisme	12	11	20
	Meublés	13	18	18
	Gîtes et chambres d'hôtes	2	1	4
	Autres (hébergements collectifs : refuges, gîtes d'étape, auberges de jeunesse…)	4	6	1
Total hébergements marchands		**48**	**60**	**79**
Hébergements non marchands	Résidences principales de parents ou amis	33	20	10
	Résidences secondaires de parents ou amis	13	11	11
	Résidences secondaires personnelles	6	9	-
Total hébergements non marchands		**52**	**40**	**21**

Tableau 3 : Le mode d'hébergement des touristes

6. Les motifs de séjour

Le touriste, qu'il soit aquitain, du littoral ou du Bassin d'Arcachon, séjourne sur ces territoires avant tout pour y passer des vacances et pratiquer des loisirs. Les raisons familiales se positionnent au second rang, loin derrière, suivi par les motifs professionnels.

Motifs de séjours	Aquitaine	Littoral	Bassin d'Arcachon
Loisirs Vacances	67	85	87
Raisons familiales avec visites des alentours	13	8	12
Raisons familiales sans visites des alentours	14	4	-
Congrès, colloques, séminaires, formation, stages…	2	1	-
Rendez-vous d'affaires	2	1	-
Transit	2	1	-
Autres motifs	1	1	1

Tableau 4 : Les motifs de séjours des touristes

Maintenant les tendances générales du tourisme régional aquitain et de ses territoires locaux analysées, le profil de la clientèle touristique a ainsi été dégagé. Dans une dernière sous-partie, il va être confronté à celui des touristes pratiquant l'écotourisme afin de déterminer le degré d'adéquation entre ces différents types de clientèle.

C. Les clientèles touristiques d'Aquitaine face à celle de l'écotourisme

Le tableau ci-contre a été élaboré à partir de l'analyse des clientèles de la région Aquitaine, du littoral atlantique aquitain, du Bassin d'Arcachon et du territoire *Cœur du Bassin*. Seule la clientèle touristique française a été retenue dans le tableau puisqu'il s'agit de la catégorie de touristes correspondant à celle du *Cœur du Bassin*. En effet, ce territoire accueille à 96% des visiteurs français contre seulement 4% d'étrangers.

		AQUITAINE		BASSIN D'ARCACHON		Ecotourisme	Adéquation
		Région	*Littoral*	*Territoire*	*Cœur du Bassin*		
Facteurs d'attractivité		Littoral Climat Randonnée Visite	Mer Plage Climat Détente	Environnement naturel de qualité Climat Randonnée Visite Baignade	Egale distance CapFerret/Arcachon Environnement naturel de qualité Visites et découvertes	Environnement naturel de qualité Pratique d'une activité sportive Découverte du patrimoine culturel	:)
Origine des clientèles		27% Aquitaine 14% IDF 14% Midi-Pyrénées	22% Aquitaine 20% Midi-Pyrénées 18% IDF	22% Aquitaine 14 % IDF	37% Aquitaine 11% IDF	Population urbaine	:)
Profil	*Age Moyen*	42 ans	42 ans	46 ans		35-50 ans	:)
	Sexe	Femme		Femme		Femme	:)
	CSP	CSP-	CSP+	CSP-		CSP+	:)
Composition du groupe		64% familles 19% couples 3 personnes	65% familles 19% couples 3 personnes	42% couples 38% familles 4 personnes	Familles	Public averti, connaisseurs de la pratique	:)
Durée de séjour		7,3 jours	7,9 jours	11 jours		Courts séjours, fractionnés dans l'année	:)

Type d'hébergement	52% non marchand 48% marchand : 17 % camping 13 % locatif 12% hôtel	40% non marchand 60% marchand : 24% camping 18% locatif 11% hôtel	21% non marchand 79% marchand : 33% camping 20% hôtel 18% locatif	Campings, chambres d'hôtes, gîtes	☺
Motifs de séjours	Loisirs/Vacances	Loisirs/Vacances	Loisirs/Vacances	Loisirs/Vacances	:-|
Répartition sur le territoire	Gironde Littoral Bassin d'Arcachon	Gironde Bassin d'Arcachon Côte Médoc	5 communes sur 10 concentrent les flux de touristes. Elles correspondent aux hauts lieux touristiques	Milieux préservés	:-|
Caractéristique général du tourisme	Saisonnalité/Concentration			Alternative au tourisme de masse, qui privilégie les grands espaces protégés	:-(

Tableau 5 : Vérification de l'adéquation des clientèles

D'après le tableau ci-dessus, le profil du touriste, qu'il soit régional, littoral ou du Bassin d'Arcachon, correspond à celui pratiquant l'écotourisme, du point de vue de son âge-sexe-CSP, des facteurs d'attractivité, de son origine géographique et du type d'hébergement choisi. En revanche l'adéquation est plus faible quant à la composition du groupe, aux motifs de séjours et à la répartition des touristes sur le territoire visité. Enfin, la durée de séjour et les caractéristiques générales du tourisme pratiqué ne sont pas en corrélation avec celles de l'écotourisme.

Globalement, le tourisme en Aquitaine, qu'il soit régional, littoral ou sur le bassin, dispose d'une base commune à celle de l'écotourisme (profil, origine, attractivité, hébergement), ce qui constitue un potentiel écotouristique favorable du point de vue de la cible de clientèle. Les éléments n'entrant pas, voire peu en adéquation avec les caractéristiques de l'écotourisme n'apparaissent pas comme irréversibles et peuvent à terme s'adapter aux exigences d'un tourisme durable.

Maintenant, les types de clientèles touristiques analysés, l'étude s'intéresse à l'organisation du territoire *Cœur du Bassin*, selon trois thématiques : territoriale, touristique, institutionnelle.

III. L'organisation du territoire *Cœur du Bassin*

A. L'organisation territoriale

1. Localisation du territoire

a. Un territoire intégré au SIBA[1]

Le territoire *Cœur du Bassin*, composé des trois communes de Biganos, Audenge et Lanton, fait partie intégrante de la région Aquitaine et se situe plus précisément au Sud-Ouest du département de la Gironde, sur le territoire du SIBA. Il est par ailleurs distant d'une trentaine de kilomètres de la commune la plus à l'ouest de la Communauté Urbaine de Bordeaux, St Médard en Jalles ; et d'une quarantaine de kilomètres des communes les plus au sud[2].

Carte 5 : Le *Coeur du Bassin* en France

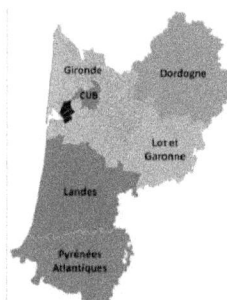

Carte 6 : Le *Coeur du Bassin* en Aquitaine

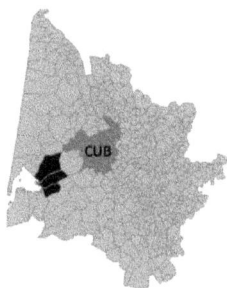

Carte 7 : Le *Coeur du Bassin* en Gironde

Carte 8 : Le *Coeur du Bassin* dans le territoire du SIBA

---

[1] Cette partie a été rédigée à partir du site internet du SIBA :
http://www.siba-bassin-arcachon.fr/
[2] Fond de carte 5 : www.cartograf.fr/les-pays-la-france
Fond de carte 6 : www.d-maps.com/carte.php?num_car=12869&lang=fr
Fond de carte 7 : www.mapanddata.com/
Fond de carte 8 : www.sybarval.fr/Le-territoire.html

Le SIBA est constitué de l'ensemble des dix communes ceinturant le pourtour du Bassin d'Arcachon (*Arcachon, la Teste de Buch, Gujan-Mestras, Le Teich, Biganos, Audenge, Lanton, Andernos, Arès, Lège - Cap Ferret*) soit un territoire de 786 km², englobant 105 193 habitants ; soit une densité de population de 134 habitants/km², équivalent à la densité départementale girondine de 141 habitants/km².

Le SIBA est une structure juridique prenant la forme d'un syndicat mixte, qui a été créé le 23 juin 1964 dans un objectif de protection de l'environnement du territoire et de son ostréiculture. Il est organisé en six pôles différents (environnement, maritime, assainissement des eaux usées, tourisme, ressources numériques, hygiène et santé publique) ; chacun d'eux devant remplir un ensemble de missions. Ainsi le pôle tourisme se structure en trois types d'actions que sont :

- La promotion de l'ensemble du Bassin d'Arcachon pour en valoriser l'image.

- L'information et la communication touristique en partenariat avec les offices de tourisme des différentes communes et leurs représentants socioprofessionnels.

- La réalisation d'études et enquêtes pour mieux connaître l'état de l'offre et de la demande pour parfaire l'accueil touristique sur le Bassin d'Arcachon.

d. Un territoire intégré au Pays du Bassin d'Arcachon et du Val de l'Eyre[1]

Le territoire *Cœur du Bassin* intègre le périmètre d'intervention du Pays du Bassin d'Arcachon et du Val de l'Eyre (BarVal), composé de trois Communautés de Communes (CdC) que sont la CdC du Bassin d'Arcachon Nord (COBAN) à laquelle appartient le *Cœur du Bassin* ; la CdC du Bassin d'Arcachon Sud (COBAS) et la CdC du Val de l'Eyre. Il s'étend sur une superficie de 1 494 km² et englobe 130 000 habitants, soit une densité de population de 87 habitants/km²[2].

Carte 9 : Le territoire du Pays BarVal

Le pays constitue un territoire de projets sans entité juridique propre, qui a été créé le 13 décembre 2004 dans l'objectif de mettre en place à l'échelle de son périmètre d'intervention plusieurs schémas de développement (économie, tourisme, urbanisme commercial, culture). Ces stratégies territoriales ont été définies dans la Charte de Pays qui est aujourd'hui en cours d'actualisation, voire en projet de remplacement par un Agenda 21 de Pays.

En effet, l'Agenda 21 de Pays doit constituer, à l'horizon 2012, un cadre de référence et d'actions à destination des acteurs du territoire en matière de développement durable. Ce programme d'actions vise à devenir le projet de territoire et à succéder à la Charte de Pays. Il pourrait s'articuler autour des axes de développement suivants[3] :

- Préserver et valoriser le patrimoine naturel et environnemental.

---

[1] Cette partie a été rédigée à partir des sites internet des CdC composant le Pays BarVal : http://www.agglo-cobas.fr/ ; http://www.coban-atlantique.fr/ ; http://www.valdeleyre.fr/
[2] Fond de carte : http://www.sybarval.fr/Le-territoire.html
[3] D'après *Démarche Agenda 21 Local, Candidat à la 5ème session de l'appel à reconnaissance du MEEDDM* (Ministère de l'écologie, de l'énergie du Développement Durable et de la Mer), Pays BarVal

- Mettre en place une stratégie d'anticipation, d'atténuation et d'adaptation d'énergie-climat.

- Renforcer et accroître le lien social en développant les filières touristiques et économiques responsables.

- Associer et innover pour modifier durablement les comportements et les pratiques à travers des objectifs de sensibilisation, d'éducation, de concertation-participation citoyenne, de recherche et d'évènementiel.

Ce document en cours d'élaboration, rejoint les orientations stratégiques du Schéma de Cohérence du Développement Touristique du Pays BarVal qui s'organisent autour de six axes :

- La valorisation des espaces naturels par le développement de l'écotourisme
- Le développement des activités liées à la mer et au Bassin d'Arcachon
- Le développement des niches d'activités spécifiques
- Renforcer l'offre d'hébergement, notamment à destination du tourisme d'affaires
- L'animation culturelle
- La promotion et la communication

Agenda 21 du Pays BarVal →	Schéma de Cohérence du Développement Touristique
Valorisation du patrimoine naturel	- Valorisation des espaces naturels par le développement de l'écotourisme
Mise en place d'un plan climat-énergie	
Renforcement du lien social par le développement des filières écotouristiques →	- Développement des activités liées à la mer et au Bassin d'Arcachon - Développement des niches d'activités spécifiques - Renforcer l'offre d'hébergement
Sensibilisation des publics pour modifier les comportements et pratiques →	- Animation culturelle - Promotion et communication

Tableau 6 : Correspondance des axes stratégiques[1]

e. Un territoire intégré au Parc Naturel Régional des Landes de Gascogne[2]

Les communes de Biganos et d'Audenge, composant le territoire *Cœur du Bassin* font partie intégrante du périmètre du Parc Naturel Régional des Landes de Gascogne (PNRLG). Il s'étend sur une superficie de 315 300 ha, englobant 41 communes dont 21 en Gironde et 20 dans les Landes, soit un ensemble de 60 500 habitants. Ce territoire présente donc une densité de population de 19 habitants/km².

Le PNRLG prend la forme juridique d'un syndicat mixte, qui a été créé le 16 octobre 1970. Il traduit la volonté de protéger et de mettre en valeur un milieu

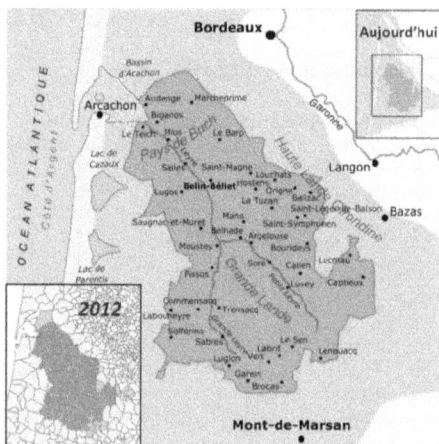

Carte 10 : Périmètre du PNRLG

[1] H.Valot, M2 AGEST, 2010-2011
[2] Cette partie a été rédigée à partir du site internet du PNRLG : http://www.parc-landes-de-gascogne.fr/

naturel riche mais néanmoins vulnérable et fragile face à la pression urbaine de l'agglomération bordelaise[1]. (à une quarantaine de kilomètres) Pour cela, ses missions se concentrent sur les domaines d'intervention suivants :

- Protéger et valoriser les patrimoines naturels et culturels

- Développer et animer de façon durable

- Renforcer la protection et la gestion du patrimoine paysager

- Communiquer l'histoire des Landes de Gascogne au public

Ces missions sont mises en exergue à travers le projet d'écotourisme mis en place depuis 2004, à l'échelle d'un territoire redéfini pour son élaboration. En effet, le PNRLG a élargi son territoire d'intervention au Pays Landes de Gascogne[2] afin de collaborer et porter ensemble un projet commun de développement touristique. Celui-ci se fonde sur des valeurs de découverte, de valorisation et de préservation de l'environnement et du patrimoine. Le PNR a ainsi créé une mission tourisme afin de mettre en œuvre et animer sur son territoire la politique écotouristique. Ce pôle tourisme s'organise autour de quatre axes stratégiques :

- Développer les équipements phares du PNR comme pôles de rayonnement

- Affirmer les filières de randonnées douces et de découverte

- Mettre en place une démarche qualité autour des valeurs de l'écotourisme pour guider les prestataires, accompagner de nouveaux projets et inspirer une politique de produits touristiques innovants

- Animer une démarche marketing collective

---

[1] Fond de carte : www.fr.wikipedia.org
[2] Le Pays des Landes de Gascogne est le plus grand d'Aquitaine : il s'étend sur un vaste territoire de 4 800 km² et regroupe 118 communes du sud de la Gironde au Nord des Landes ; englobant ainsi plus de 63000 habitants.

A cela s'ajoute l'organisation de formations afin d'accompagner les porteurs de projets et d'ancrer une dynamique commune autour des valeurs de l'écotourisme.

Ainsi près d'une soixantaine de prestataires (de loisirs, hébergeurs, restaurateurs) se sont reconnus dans ces valeurs de préservation et de valorisation du patrimoine, de qualité d'accueil et d'échanges entre acteurs locaux. Ils se sont donc engagés dans cette politique écotouristique et affichent désormais des engagements qui reflètent les enjeux environnementaux et qui valorisent le caractère d'un site.

Il est également à noter que la charte du parc est actuellement en cours de révision et prévoit d'ici 2012, l'intégration, entre autres, de la commune de Lanton dans son périmètre d'actions. D'après l'avant-projet de Charte de mars 2011, celle-ci devrait s'articuler autour de sept priorités que sont :

- Conserver le caractère forestier du territoire

- Gérer de façon durable et solidaire la ressource en eau

- Les espaces naturels, une intégrité à préserver et à renforcer

- Pour un urbanisme et un habitat dans le respect des paysages et de l'identité

- Accompagner l'activité humaine pour un développement équilibré

- Développer et partager une conscience de territoire

- Impliquer les habitants et élus pour partager des valeurs communes

Ces orientations persévèrent dans l'ancrage territorial d'une politique écotouristique pérenne.

2. Carte d'identité du territoire *Cœur du Bassin*[1]

Le *Coeur du Bassin* constitue un territoire de projets, c'est-à-dire un périmètre présentant une cohésion géographique (sans rupture ni discontinuité), économique et socioculturelle. C'est un lieu d'actions collectives et de partenariats qui fédèrent ces trois communes ainsi que leurs organismes socioprofessionnels, leurs entreprises et associations, autour d'un projet commun de développement local.

a. Rappel (Cf. Partie I. II.A.4.)

« *Les trois communes,* **Biganos-Audenge-Lanton** *composent le territoire Cœur du Bassin, qui doit son appellation au fait qu'il soit* **situé à égale distance**, *soit une quarantaine de kilomètres,* **entre les deux extrémités du Bassin d'Arcachon**, *que sont Lège-Cap Ferret et Arcachon.*

Ce territoire s'étend en bordure de Bassin d'Arcachon sur un linéaire côtier de 15 kms et sur une **superficie de 275 km² dont 50% est couvert par le massif forestier des Landes de Gascogne**, *composé essentiellement de pins maritimes (Cf. partie I.II.A.1.b.).* **Il englobe 21 247 habitants et présente une densité de population de 72 habitants/km²,** *soit deux fois moins que celle du SIBA. Le Cœur du Bassin a accueilli au sein de son office de tourisme intercommunal (siège social à Lanton) et de ses deux antennes locales (Biganos et Audenge)* **plus de 30 000 visiteurs en 2010** *(et plus de 25 000 internautes sur le son site web, soit 2,5 fois plus qu'en 2009)* ».

---

[1] Cette partie a été rédigée à partir de documents internes à l'OTI *Cœur du Bassin* et des sites internet de chacune des trois communes : http://www.mairie-lanton.fr/ ; http://www.mairie-audenge.fr/ ; http://www.villedebiganos.fr/ .
L'ensemble des illustrations ont été élaborées à partir des documents internes et des données récoltes lors de la réalisation de la mission de stage (Cf. partie I.III.B.3.a.).

b. La commune de Lanton

La commune de Lanton s'étend sur une superficie de 136 km² dont 80% est couvert par le massif forestier des Landes de Gascogne. Elle présente une démographie de 6 176 habitants soit une densité de 45 habitants/km². Cette faible densité s'explique par l'étendue du territoire communal et par l'importance de la surface boisée, faiblement urbanisée. A la population locale s'ajoutent, les visiteurs accueillis à l'année par l'antenne locale de l'OTI *Cœur du Bassin*, dont

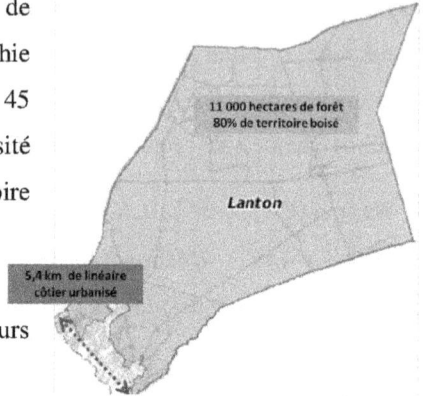

11 000 hectares de forêt
80% de territoire boisé

Lanton

5,4 km de linéaire
côtier urbanisé

Carte 11 : Le territoire communal lantonnais

le nombre s'élève à 11 707 touristes soit un tiers de ceux accueillis sur le territoire dans sa globalité[1].

Carte 12 : L'urbanisation de Lanton

La ville peut être décomposée en deux zones distinctes : la partie forestière qui couvre 11 000 hectares soit près de 80% de sa superficie et la partie urbanisée qui s'étend le long de la côte maritime, sur toute la longueur de la commune soit 5,4 kms. La zone urbaine est composée de 4 bourgs, concentrant l'offre de services et de commerces, que sont Lanton, le principal, Blagon, Taussat et Cassy. Cette partie est scindée en deux par la route départementale 3 qui traverse la commune ; et qui est perpendiculairement coupée par les voies de desserte de la départementale 106 rejoignant Lège-Cap Ferret à l'agglomération Bordelaise[2].

---

[1] Nombre de personnes accueillies, français et étranger confondus, à l'antenne de Lanton sur l'année 2010 ; d'après les statistiques internes.
Fond de carte 11 : http://sig.bassin-arcachon.com/
[2] Fond de carte 12 : www.ville-lanton.fr/plan-lanton/plan-lanton.pdf

La D3 scindant la zone communale urbanisée en deux, est doublée de la piste cyclable qui la longe de façon parallèle. Cette dernière s'étend donc sur une longueur équivalent à la largeur de la commune soit environ 5,4 kms.

Commune de LANTON

CARTE D'IDENTITÉ DE COMMUNE : Lanton 33 138   MAIRE : Christian GAUBERT

RÉGION : Aquitaine   DÉPARTEMENT : Gironde (33)   CdC : COBAN
PARTENAIRES : SIBA/PNR Landes de Gascogne /Pays Bassin d'Arcachon Val de l'Eyre

SUPERFICIE : 136 km²   NOMBRE HABITANTS : 6 176   DENSITÉ : 45hab/km²
NOMBRE TOURISTES : 10 707 NOMBRE LITS TOURISTIQUES : 2 451

EQUIPEMENTS HÔTELIERS : 2 hôtels/ 2 campings/6 chambres d'hôtes
EQUIPEMENTS LOISIRS : 1 club nautique/1 centre équestre/1 Golf

ATOUTS TOURISTIQUES : 11 000 ha de forêt soit 80% du territoire communal
2 ports de plaisance / 1 port ostréicole

<<>> Mairie de Lanton <<>>
18 avenue de la Libération 33 138 Lanton
Tel : 05 56 03 86 00   www.ville-lanton.fr

Figure 3 : Carte d'identité de la commune de Lanton[1]

Du point de vue de ses aménagements territoriaux, la commune est dotée de trois ports dont deux de plaisance à Cassy et Taussat et d'un ostréicole à Taussat. Leur architecture et leur histoire traduisent la richesse du patrimoine ostréicole et maritime du Bassin d'Arcachon.

A ces atouts touristiques, s'ajoutent les équipements hôteliers et de loisirs implantés sur le territoire communal, qui participent au développement économique et touristique de la ville de Lanton. Ils font l'objet d'une analyse plus approfondie dans la partie I. III.B.1.a.b.

---

[1] H.Valot, M2 AGEST, 2010-2011

c. La commune d'Audenge

La commune d'Audenge s'étend sur une superficie de 82 km² dont 1 846 hectares de forêt soit près d'un quart de surface communale boisée de pins maritimes, essence végétale caractéristique du massif forestier des Landes de Gascogne. La ville présente une démographie de 5 832 habitants soit une densité de population de 71 habitants/km². Ce à quoi s'ajoute, près de 10 000 touristes accueillis par l'antenne locale de l'OTI *Cœur du Bassin* sur l'année 2010[1].

A l'image de la commune voisine de Lanton, Audenge peut être décomposée en deux zones distinctes : la partie forestière qui couvre le quart de la surface communale globale et la partie urbanisée qui contrairement à Lanton, tend à s'étaler vers l'intérieur des terres plutôt que sur le linéaire côtier.

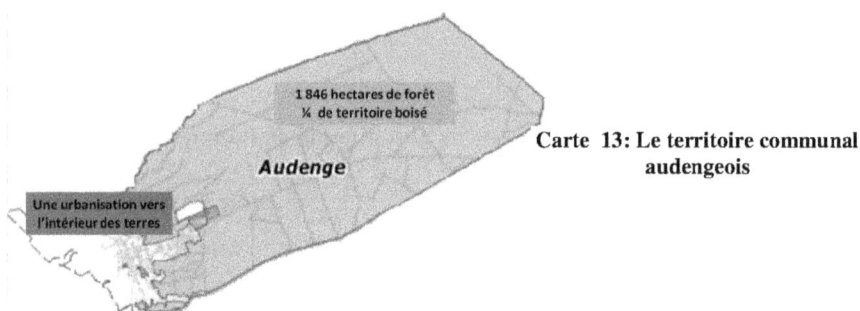

Carte 13: Le territoire communal audengeois

En effet, celui-ci s'étend sur une longueur globale de 4,8 kms, correspondant à la largeur du territoire sur sa partie littorale. Or, la zone urbanisée occupe la moitié de cet espace en s'étendant sur 2,4 kms tandis qu'elle profite de l'intérieur des terres pour s'étaler. Finalement, le linéaire côtier n'est urbanisé qu'à 50%, au profit de l'occupation foncière de l'intérieur du territoire.

---

[1] Nombre de personnes accueillies, français et étranger confondus, à l'antenne d'Audenge sur l'année 2010 ; d'après les statistiques internes.
Fond de carte 13 : http://sig.bassin-arcachon.com/

Egalement, il est observé que cette urbanisation se développe le long des axes routiers pénétrant dans la structure urbaine

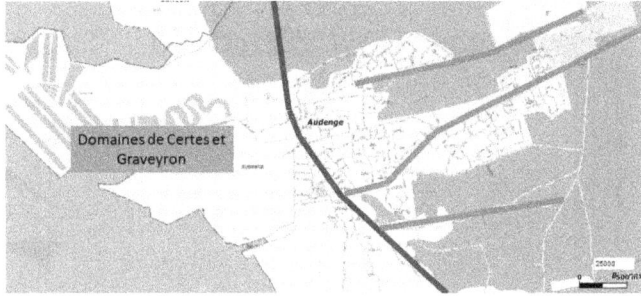

Carte 14 : L'urbanisation de la commune d'Audenge

communale. En effet, à l'image de Lanton, la D3 scinde la commune en deux parties, distinguant alors le linéaire côtier occupé par les domaines de Certes et Graveyron et la zone urbanisée[1].

Cette départementale est coupée à la perpendiculaire par les voies de dessertes rejoignant l'axe Lège-Cap Ferret – Bordeaux. Le long de ces routes, se déploie donc l'espace urbain qui profite de l'implantation de la zone artisanale à l'est du territoire, en marge du centre ville pour s'étendre. En effet, cet espace s'insère à l'écart de la centralité urbaine et au croisement de plusieurs axes routiers, il est ainsi relié au centre ville. Ce phénomène est celui du mitage qui se traduit par l'insertion entre les zones urbanisées et les zones vierges, d'opérations d'aménagement bénéficiant des réseaux déjà tirés. L'espace libre entre les différents quartiers est finalement comblé par l'émergence de nouveaux pôles urbains.

La D3 scindant la zone communale urbanisée en deux, est doublée de la piste cyclable qui la longe de façon parallèle, tout comme sur la commune voisine de Lanton. Elle s'étend donc sur une longueur équivalent à la largeur de la commune soit environ 4,8 kms.

---

[1] Fond de carte 14 : http://sig.bassin-arcachon.com/

Figure 4 : Carte d'identité de la commune d'Audenge[1]

Le principal atout touristique de la ville d'Audenge est le Domaine de Certes-Graveyron, vaste propriété de plus de 530 hectares, scindé en deux domaines : le Domaine de Certes d'une superficie de 396 hectares appartenant au Conservatoire du Littoral depuis 1984 et géré par le Conseil Général de la Gironde depuis 1990 ; et le Domaine de

« *Le conservatoire du littoral est un établissement public créé en 1975 qui mène une **politique foncière visant à la protection définitive des espaces naturels et des paysages sur les rivages maritimes et lacustres** et peut intervenir dans les cantons côtiers ainsi que dans les communes riveraines des estuaires et des deltas et des lacs de plus de 1 000 hectares* ».

Source : www.conservatoire-du-littoral.fr

Graveyron, d'une superficie de 149 hectares, qui a été acquis par le Conservatoire du Littoral en 1998 et également confié au Conseil Général de la Gironde.

Ce domaine est un ancien marais salant, endigué au 18ème siècle et aménagé au 19ème siècle en réservoir à poissons. Il constitue une aire privilégiée de rencontre de la terre et la mer, de l'eau douce et l'eau salée mais aussi un espace de migration et

---

[1] H.Valot, M2 AGEST, 2010-2011

d'hivernage pour les oiseaux venus du monde entier. En effet, il abrite en toute saison, de nombreuses espèces aquatiques et une flore caractéristique des zones humides. Le domaine est aujourd'hui protégé de toute urbanisation du fait de son caractère remarquable et de la sensibilité de son environnement.

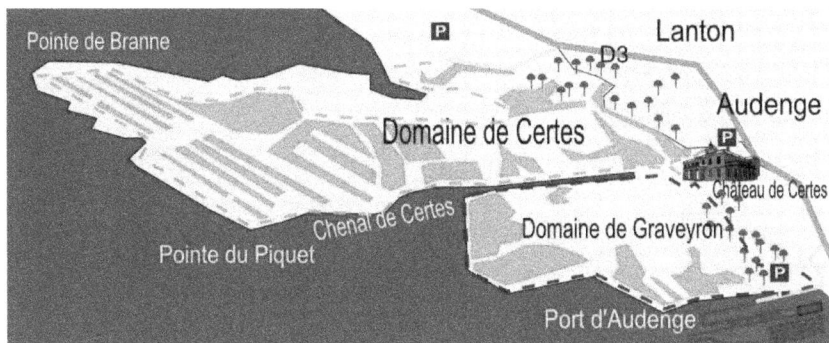

Carte 15 : Plan des domaines de Certes et Graveyron[1]

Le Conseil Général de la Gironde qui en a la gestion, a aménagé sur le Domaine de Certes, dans les anciens bâtiments d'exploitation, un lieu d'accueil du public ; où des guides naturalistes proposent des visites organisées et commentées, en saison d'avril à octobre. L'espace d'accueil tend aujourd'hui à évoluer en un pôle environnement où une antenne de l'OTI pourrait être aménagée de façon concomitante à l'ancrage de sa politique écotouristique.

A l'heure actuelle, des travaux sont en cours sur le domaine afin de valoriser son patrimoine exceptionnel. Ils consistent en sa mise en valeur paysagère par la requalification du parc du Château de Certes. Ainsi une charte paysagère et environnementale des domaines de Certes et Graveyron a été élaborée en juillet 2009 dans l'objectif de dresser les grandes orientations d'aménagement, notamment en matière de cheminement, signalétique, mobilier, plantations…

---

[1] http://www.caruso33.net/audenge-certes.html

Aussi, la commune est dotée d'un port de plaisance et ostréicole qui renforce l'identité maritime du territoire *Cœur du Bassin* en valorisant son patrimoine ostréicole ; et complète également le maillage des ports du Bassin d'Arcachon.

d. La commune de Biganos

La commune de Biganos s'étend sur une superficie de 77 km² dont 3 000 hectares sont couverts par le massif forestier des Landes de Gascogne. La ville dispose d'une démographie de plus de 9 200 habitants soit une densité de population de 119 habitants/km². Ce à quoi s'ajoute, près de 7 000 touristes accueillis par l'antenne locale de l'OTI *Cœur du Bassin* sur l'année 2010[1].

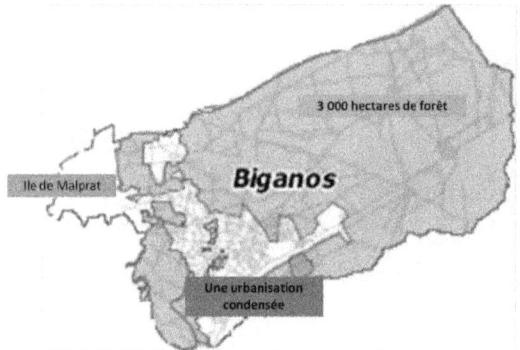

Carte 16 : Le territoire communal de Biganos

A l'image des deux autres communes du territoire *Cœur du Bassin*, Biganos peut être décomposée en deux zones distinctes : la partie forestière qui couvre 3 000 hectares de la surface communale globale et la partie urbanisée qui se concentre au sud de la commune. Celle-ci s'étend sur une largeur de 4,7 kms et prend une forme triangulaire s'étirant le long de la route nationale 250 (Cf. Carte 17). Par ailleurs, l'importante densité de population, 119 habitants/km², s'explique du fait d'une urbanisation condensée dans une zone restreinte du territoire. Celle-ci tend à se développer en s'appuyant sur le réseau existant : le long de la N250 reliant Biganos à l'agglomération bordelaise ; et profitant de la proximité de l'autoroute A63 et de sa branche A660, axes routiers drainant les flux de Bordeaux vers le sud de la région, tout en desservant le Bassin d'Arcachon. Ce phénomène traduit l'exercice des forces centrifuges, qui écartent de la centralité de Biganos pour tendre vers la

---

[1] Nombre de personnes accueillies, français et étranger confondus, à l'antenne d'Audenge sur l'année 2010 ; d'après les statistiques internes.
Fond de carte 16 : http://sig.bassin-arcachon.com/

polarité urbaine bordelaise. L'agglomération de Bordeaux, distante d'une quarantaine de kilomètres, constitue un pôle d'attraction fort de par ses aménités territoriales, intégrant alors Biganos dans son périmètre de rayonnement, et faisant de cette commune une composante de sa couronne suburbaine.

Tout comme, Lanton et Audenge, Biganos est traversée par la départementale 3 qui scinde la commune en deux, distinguant alors le linéaire côtier d'une longueur équivalent à la largeur de la commune, soit 4,7 kms ; et la partie la plus urbanisée. Cet axe routier est doublé de la piste cyclable sur toute sa longueur et rejoint le réseau des communes du *Cœur du Bassin* ; et par extension celui du territoire du SIBA (Cf. Carte 18).

Commune de BIGANOS

CARTE D'IDENTITÉ DE COMMUNE : Biganos 33 380   MAIRE : Bruno LAFON

RÉGION : Aquitaine   DÉPARTEMENT : Gironde (33)   CdC : COBAN
PARTENAIRES : SIBA/PNR Landes de Gascogne /Pays Bassin d'Arcachon Val de l'Eyre

SUPERFICIE : 77,28 km²   NOMBRE HABITANTS : 9 239   DENSITÉ : 119 hab/km²
NOMBRE TOURISTES : 6 949 NOMBRE LITS TOURISTIQUES : 465

ÉQUIPEMENTS HÔTELIERS : 3 hôtels/1 camping/7 chambres d'hôtes
ÉQUIPEMENTS LOISIRS : 2 clubs nautiques/1 centre équestre

ATOUTS TOURISTIQUES : Ile de Malprat (139 ha)
2 ports de plaisance

<<>> Mairie de Biganos <<>>
52 avenue de la Libération 33 380 Biganos
Tel : 05 56 03 94 50   www.villedebiganos.fr

Figure 5 : Carte d'identité de Biganos[1]

Un des atouts touristiques de la ville de Biganos est l'Ile de Malprat, vaste domaine de 139 hectares situé au cœur du Delta de la Leyre. Formée de façon naturelle, cette île a été endiguée pour être aménagée en marais salant et en réservoirs à poissons, car comme son nom l'indique (Malprat signifiant mauvais prés en Gascon) rien ne

[1] H.Valot, M2 AGEST, 2010-2011

pouvait y pousser. A l'image du domaine de Certes-Graveyron, l'île est aujourd'hui la propriété du Conservatoire du Littoral. La gestion a été confiée conjointement à la mairie de Biganos et au Conseil Général de la Gironde dont l'objectif est la protection de son environnement et de ses richesses écologiques. L'accès au domaine est, à ce titre, autorisé uniquement dans le cadre de visites guidées, accompagnées du garde nature du site.

Egalement, la ville de Biganos bénéficie de l'aménagement de deux ports de plaisance dont celui de Biganos, qui a la particularité d'être implanté au cœur de la forêt. Il est par ailleurs inscrit en zone protégée dans la réglementation d'urbanisme communale. Le port des Tuiles, quant à lui, est protégé par le Conservatoire du Littoral, au titre de la préservation de sa biodiversité.

3. Accessibilité du territoire

a. En voiture

Le territoire *Cœur du Bassin* est accessible par le réseau autoroutier et départemental ; et distant de l'agglomération bordelaise d'une quarantaine de kilomètres soit en moyenne 3/4 d'heure.

- Depuis Bordeaux, via l'A63 en direction de Bayonne puis l'A660 vers le Bassin d'Arcachon, prendre la sortie 2 Biganos. Le territoire est ainsi rejoint en 35 minutes.

- Depuis l'aéroport de Bordeaux-Mérignac, via la D106, direction le Cap Ferret puis la D3 traversant les 3 communes de Biganos, Audenge et Lanton. Le territoire est ainsi rejoint en 45 minutes.

- Depuis Pessac, via la N250, direction Marcheprime, puis la même D3 traversant le territoire *Cœur du Bassin*. Le territoire est ainsi rejoint en 45 minutes.

b. En bus

La ligne de bus TransGironde, numéro 610, permet de relier annuellement, à hauteur de 7 aller-retour quotidiens, Belin-Beliet à Andernos en desservant Biganos, Audenge et Lanton, grâce à plusieurs arrêts dans chacune des trois communes (gare, mairies, postes, stade…).

c. En train

Le territoire *Cœur du Bassin* est relié au réseau ferroviaire grâce à la gare SNCF de Facture-Biganos. En effet, la ligne TER Bordeaux-Arcachon s'y arrête quotidiennement, à hauteur de 25 TER en semaine et 30 le week-end. Il est également possible de rejoindre le territoire via la gare d'Arcachon, desservie par le TGV Atlantique Paris-Arcachon (deux TGV direct par semaine) puis en empruntant la liaison TER Arcachon - Facture Biganos pour arriver à destination.

d. En avion

Le territoire *Cœur du Bassin*, est situé à une quarantaine de kilomètres de l'aéroport de Bordeaux-Mérignac et permet ainsi d'y accéder par le réseau aérien.

e. A pieds et à vélo

Le réseau de pistes cyclables du *Cœur du Bassin* s'étend sur une vingtaine de kilomètres, longeant principalement le littoral de chacune des trois communes. Il rejoint le réseau du pourtour et des alentours du Bassin d'Arcachon d'une longueur de 150 kms.

Il en est de même concernant les chemins de randonnées, s'étendant sur une trentaine de kilomètres à l'échelle des trois communes et rejoignant les 100 kms du sentier du littoral, ceinturant le pourtour du Bassin d'Arcachon. Ce parcours correspond par ailleurs au GRP Tour du Bassin d'Arcachon ; tandis que sur Audenge et Biganos certains tronçons correspondent à la voie littorale des chemins de Saint-Jacques de Compostelle[1].

---

[1] Carte 17 : http://www.caruso33.net/tourisme-arcachon-site.html

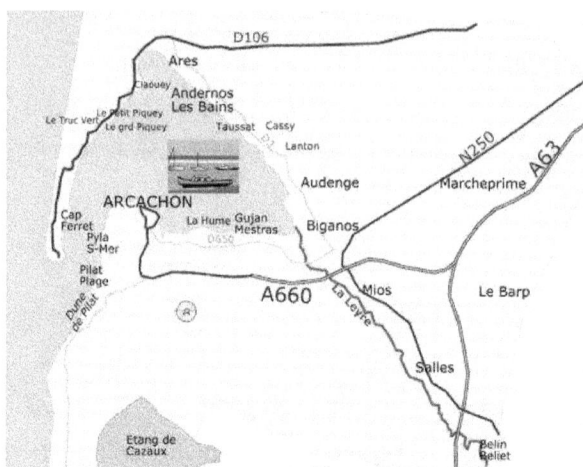

Carte 17 : L'accessibilité du territoire *Coeur du Bassin*

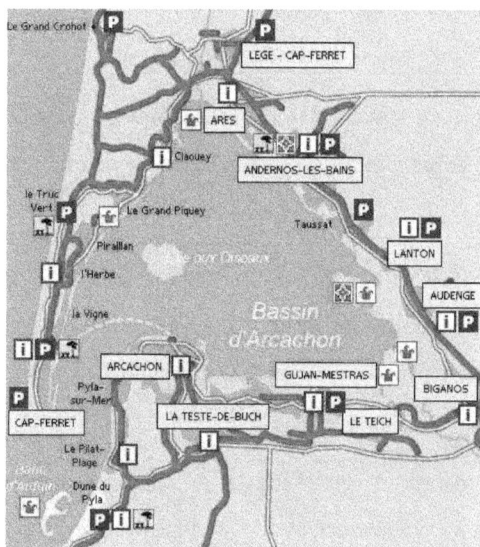

**Carte 18 : Le réseau de pistes cyclables sur le
territoire du SIBA**

carte 18 : http://www.bassinarcachon.org/Bassin-d-Arcachon-destination-velo-et-pistes-cyclables_a114.html
carte 19 : http://www.itrekkings.net/dossiers/dossiers.php?val=246_le+bassin+arcachon+pied

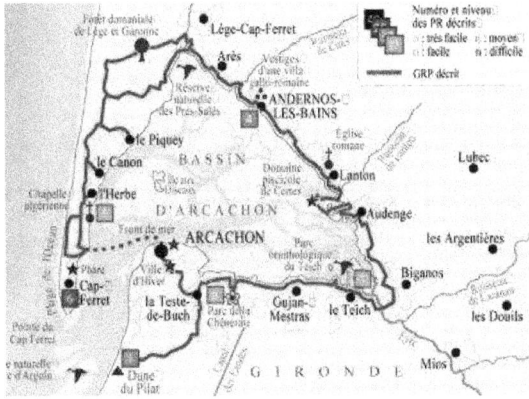

**Carte 19 : Le réseau de chemins de
randonnée sur le territoire du SIBA**

Maintenant l'organisation territoriale des trois communes du *Cœur du Bassin*
analysée, l'étude se concentre, dans la sous-partie suivante, sur son organisation en
matière de tourisme afin de dégager les composantes de l'offre touristique du
territoire.

B. L'organisation touristique

1. Les prestataires touristiques du territoire

a. Les hébergeurs

Tableau 7 : Les hébergements sur le *Cœur du Bassin*[1]

Type d'hébergement		Nb empl/ch/meublés	Coefficient multiplicateur	Nb lits tq
LANTON				**2 451**
Campings	Le Coq Hardi	400	3	1 200
	Le Roumingue Village Vacances	350	3	1 050 + 25*
Hôtels	L'Océana	25	2	50
	La Plage	17	2	34
Chambres d'Hôtes 4 propriétaires		6	2	12
Meublés 17 propriétaires		20	4	80
AUDENGE				**684**
Camping	Le Braou	200	3	600
Hôtel				
Chambres d'Hôtes 3 propriétaires		6	2	12
Meublés 16 propriétaires		18	4	72
BIGANOS				**465**
Camping	Le Marache	117	3	351
Hôtels	Delta	24	2	48
	France	17	2	34
	Terminus	7	2	14
Chambres d'Hôtes 3 propriétaires		7	2	14
Meublés 1 propriétaire		1	4	4
CŒUR DU BASSIN				
Résidences secondaires		750	4	3 000

[1] Nb empl/ch/meublés : nombre d'emplacement/de chambre/de meublés
Nb lits tq : nombre de lits touristiques
Le coefficient multiplicateur correspond à l'application d'un ratio au nombre de chambres, emplacements, meublés,…, afin d'obtenir la capacité d'hébergement en nombre de lits touristiques de l'équipement hôtelier.
*Le Roumingue est un équipement hôtelier de type plein air, qui dispose également d'une partie Villages Vacances de 25 lits touristiques.

(meublés non déclarés)			
Résidences secondaires	750	5	3 750
TOTAL hébergements marchands (*meublés non déclarés inclus*)			**6 600**
TOTAL hébergements marchands + non marchands (*résidences secondaires*)			**10 350**

Le territoire *Cœur du Bassin* dispose d'une capacité d'accueil de plus de 10 000 lits touristiques, répartis en quatre types d'hébergements que sont le camping, l'hôtel, la chambre d'hôte et le meublé. A

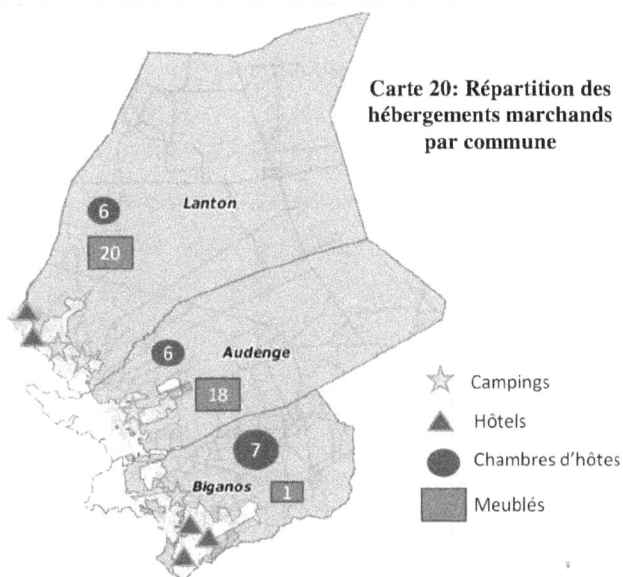

Carte 20: Répartition des hébergements marchands par commune

cela s'ajoutent les meublés non déclarés et les résidences secondaires.

L'hébergement marchand est majoritairement représenté par près de 64% de lits touristiques et par 36% de non marchand. Ces chiffres s'expliquent d'une part, par l'importante capacité d'accueil des campings et d'autre part, par la faible part de résidences secondaires sur le territoire. Cette capacité d'accueil a par ailleurs, permis au territoire d'enregistrer plus de 360 000 nuitées en 2010[1].

---

[1] Fond de carte : http://sig.bassin-arcachon.com/

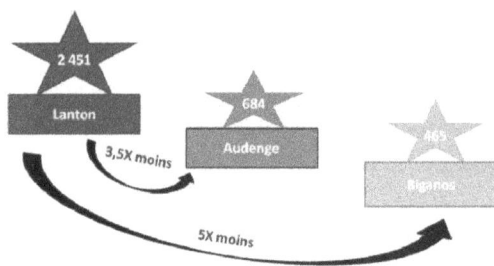

Figure 6 : La capacité d'accueil par commune

Egalement, il est observé l'inégale répartition de la capacité d'accueil par commune ; Biganos et Audenge sont celles qui enregistrent les plus faibles parts par rapport à Lanton, largement en tête de classement. Cela s'explique du fait de la concentration des plus importants équipements hôteliers, sur cette dernière : deux campings aux nombres d'emplacements les plus élevés et deux hôtels ; ainsi que six chambres d'hôtes et vingt meublés. En revanche l'hébergement à Audenge se caractérise par l'implantation d'un seul camping, l'absence d'hôtel mais un nombre de chambres d'hôtes et de meublés équivalent à celui de Lanton ; positionnant de fait la commune au second rang avec une capacité d'accueil plus de trois fois inférieure à celle de Lanton. Quant à Biganos, bien que la ville accueille trois hôtels, un camping, sept chambres d'hôtes, mais qu'un seul meublé, celle-ci se positionne loin derrière, au troisième rang avec cinq fois moins de lits touristiques que Lanton[1].

b. Les loisirs

L'offre de loisirs du territoire *Cœur du Bassin* se structure autour de trois principaux types d'activités que sont : le golf, les activités nautiques et les activités équestres. A celles-ci s'ajoutent des activités complémentaires telles que le karting, le tennis ou encore le skate. Ainsi chacune des communes disposent des équipements adéquats à leur pratique[2].

---

[1] Figure 6 : H.Valot, M2 AGEST, 2010-2011
[2] Fond de carte : http://sig.bassin-arcachon.com/

	Golf	Club Nautique	Centre équestre	Autres
Lanton	Aiguilles Vertes	CNTC[1]	Jardin des Poneys	Skate Park Cassy
				Complexe Sportif
				Tennis Club
Audenge	-	Club nautique audengeois	Domaine d'Oulès	City-stade du port
		Association nautique audengeoise	Girond'âne	Tennis Club
Biganos	-	Base Nautique	Domaine des Argentières	Karting Top Gun Evasion
				Skate Park du Parc Lecoq
				Complexe sportif
		Courant d'Eyre		Tennis Club

Tableau 8 : L'offre de loisirs du territoire *Coeur du Bassin*

L'activité nautique est la plus représentée par cinq équipements répartis sur les trois communes, ce qui s'explique du fait de la localisation en bord de bassin du territoire et de sa proximité avec le linéaire côtier. De plus, chacune des villes est équipée d'un centre équestre implanté en milieu forestier, dans l'intérieur des terres ; ce qui traduit une activité touristique rétro-littorale complétant l'offre de la côte maritime. Egalement, les communes disposent d'installations complémentaires telles qu'un club de tennis et un Skate-Park dans chacune d'entre elles. Il est à noter que Lanton est la seule à être équipée d'un golf, et Biganos à proposer du karting.

---

[1] Club Nautique de Taussat-Cassy

Chacun des prestataires dispose d'une clientèle essentiellement de licenciés ou d'habitués de la pratique ; néanmoins ils élargissent leur cible client à celle des touristes, en élaborant des produits adaptés et en établissant des partenariats avec l'OTI *Cœur du Bassin*.

2. L'offre touristique du *Cœur du Bassin*

L'OTI *Cœur du Bassin* présente une offre d'une trentaine de produits touristiques dont une dizaine est organisée et encadrée par le personnel de l'office ; tandis qu'une vingtaine sont programmés en partenariat avec les prestataires du territoire. L'OTI propose ainsi une gamme de produits déclinée autour du linéaire côtier et du rétro-littoral ; afin de valoriser l'identité *Cœur du Bassin* en promouvant une offre structurée en quatre types d'animations que sont :

- Les animations en lien avec la nature
- Les visites traditions et cultures
- Les sorties sur l'eau
- Les animations spéciales enfants

Chacun de ces axes a été élaboré de façon à mettre en valeur les patrimoines caractéristiques du *Cœur du Bassin* : maritime et ostréicole, naturel et forestier, architectural et historique.

Afin de compléter son offre touristique, l'OTI met en vente des produits souvenirs dans chacune des boutiques de ses trois antennes, reflétant l'identité du territoire. Ils se déclinent autour de bibelots et d'objets de décoration aux thèmes maritimes, de cartes postales et posters des paysages locaux, d'accessoires divers et variés (marques pages, ustensiles de cuisines, cadres photos, porte-clés, panières…).

Type d'animation	Organisation et encadrement par l'OTI	Animation en partenariat avec les prestataires du territoire	Visite libre
Les animations en lien avec la nature	- Les experts nature sur Graveyron[1]	- Balade à marée basse sur Certes (CG 33) - Visite des éco-gîtes de Mme Cornu (hébergeur) - Randonnée à dos d'âne sur le sentier du littoral (Gironde'ânes) - Randonnée à dos d'âne aux abords de la Leyre (Gironde'ânes) - Visite de l'Ile de Malprat (mairie de Biganos) - Marche nordique (Association *Bouge ta forme*)	
Les visites traditions et cultures	- Visite de Taussat - Visite d'Audenge - Visite du port de Biganos	- Démonstration de gemmage en forêt (musée Gardarem) - Pêche à pied et pêche aux crabes (M.Jaulard, moniteur) - Visite d'une cabane ostréicole et dégustation d'huîtres (M.Ortiz, ostréiculteur) - Observation des étoiles (Association Patrimoine et Culture à Audenge) - Atelier pêche (Fédération de pêche) - Visite d'une usine de fabrication de papier (Smurfit) - Visite d'une miellerie (apiculteur) - Deux autotours accompagnés[2]	- Itinéraire vélo sur la voie littorale de Saint Jacques de Compostelle - Chasses aux trésors

71

Les sorties sur l'eau	- Balade de port en port : de Cassy à Audenge en passant par Biganos	- Descente de la Leyre en canoë (Courant d'Eyre) - Combiné canoë/vélo entre Audenge et Biganos - Combiné visite ornithologique/kayak (CG 22 et Maison de la Nature du Bassin d'Arcachon)	
Les animations spéciales enfant	- Balade *Tous les sens sont dans la nature*[1] - Animation plage *Coquillages et Crustacé*[2] - Ateliers nature		- Jeux de pistes à Graveyron
Un total de 29 produits	Dont 8 organisées et encadrées par l'OII	Dont 18 en partenariat avec les prestataires du territoire	Dont 3 en visite libre

Tableau 9 : L'offre de produits de l'OTI *Coeur du Bassin*

3. Résultat de l'enquête : audit écologique des prestataires touristiques du territoire

a. L'engagement écotouristique de l'OTI, rappel de la mission de stage

Depuis la création de l'office de tourisme intercommunal d'Audenge et Lanton en 2004, la politique touristique menée par ce territoire repose sur le développement d'un tourisme durable par la mise en valeur des patrimoines identitaires locaux ; ce grâce à des animations et des visites fondées sur un objectif de sensibilisation des clientèles à la préservation de l'environnement. En 2009, l'intégration de Biganos à l'OTI *Cœur du Bassin* permet la mise en commun de la compétence tourisme et la mutualisation des moyens sur ce territoire de projets. L'extension du périmètre d'intervention de l'OT constitue l'opportunité de renforcer le positionnement touristique durable du territoire, en affirmant sa volonté de s'engager dans une démarche écotouristique. Cela s'accompagne de la consolidation de la gamme de produits nature proposés par l'office et par son intégration à un réseau d'éco-acteurs constitués notamment du PNR Landes de Gascogne et de l'association GRAINE Aquitaine[1]. Egalement, l'OTI s'engage à l'adoption d'écogestes au quotidien tel que l'impression en recto-verso des documents, sur du papier recyclé, avec des cartouches à encre végétale.

Préalablement à la définition des orientations de la politique écotouristique du territoire, un diagnostic territorial, axé sur les pratiques de développement durable, est nécessaire pour dégager les dispositifs acquis et les mesures à mettre en place. L'OTI *Cœur du Bassin* a ainsi fait le choix de recruter une étudiante stagiaire, en finalisation de cursus, afin de mener à bien une étude de faisabilité quant à la planification d'un développement écotouristique pérenne. La mission de stage consiste donc, dans un premier temps en le recensement exhaustif des aménités territoriales et des données géo-démographiques afin de dresser un portrait des communes d'Audenge, Biganos et Lanton. Parallèlement, une grille d'évaluation

---

[1] Le Groupe Régional d'Animation et d'Information sur la Nature et l'Environnement (GRAINE) d'Aquitaine est né en 1991 d'une initiative des acteurs de l'éducation à l'environnement de mettre en réseau au niveau régional, les structures d'éducation à l'environnement, dans l'objectif de mutualiser leurs compétences et de coordonner leurs actions.

écologique doit être élaborée et soumise aux prestataires touristiques du territoire dans l'objectif de dégager le degré d'engagement de chacun dans une démarche environnementale. Dans un second temps, l'ensemble des données récoltées devra être mis en exergue dans la définition d'une stratégie de développement écotouristique, appuyée d'un plan d'actions budgété et rétro-planifié.

b. Les prestataires participant à l'enquête

Dans la cadre de la réalisation d'un diagnostic territorial, préalable à la planification des orientations de la politique écotouristique du territoire *Cœur du Bassin*, une enquête auprès de ses prestataires touristiques, hébergeurs et de loisirs, a été réalisée. Elle consiste en une visite de l'équipement et une discussion avec son gestionnaire afin de déterminer les mesures de développement durable mises en place à l'échelle de l'installation. L'objectif de cet audit est de déterminer quelles sont les pratiques acquises par les acteurs locaux du tourisme et de dégager leurs besoins et leurs attentes.

L'ensemble des hébergeurs ont été associés à ce diagnostic, à l'exception des meublés qui feront l'objet d'une étude dans un second temps ; et tous ont participé sauf l'hôtel non classé du territoire. Ainsi au total l'audit s'est intéressé à 18 hébergeurs dont 4 campings, 4 hôtels et 10 propriétaires de chambres d'hôtes. Du point de vue des équipements de loisirs, sur les 10 prestataires que compte le territoire, 6 ont participé à l'enquête dont le golf, 3 clubs nautiques sur 5 et 2 centres équestres sur 4. Au final, ce sont donc 24 prestataires sur les 29 du territoire qui ont répondu à la grille d'évaluation créée pour mener l'enquête sur le développement durable.

Cette dernière a été élaborée selon trois axes, chacun intégrant différents thèmes du développement durable (Cf. Annexe I) :

- *Les réflexes écocitoyens* s'intéressent aux gestes de la vie quotidienne tels que le tri sélectif et les mesures de réduction des consommations d'eau et d'énergies (ampoules basse consommation, électroménager récent, réduction de la pression...).

- *Les engagements durables* se concentrent sur la construction de l'équipement et sur les dispositifs de développement durable intégré à l'installation, tels que l'isolation, le revêtement de la voirie/des sols, le traitement paysager des abords...

- *Les missions d'éducation à l'environnement* regroupent deux actions principales que sont la sensibilisation du client aux écopratiques, et la communication/l'information à la fois sur l'écogestion de l'équipement et les sites d'intérêt de la région.

Cette grille d'évaluation doit permettre de recenser les pratiques mises en place en matière de développement durable et de dégager les lacunes auxquelles remédier. L'objectif est de déterminer la base commune à l'ensemble de prestataires afin de travailler à sa consolidation et à la sensibilisation à des écopratiques complémentaires.

c. **Extrait des résultats interprétables de l'enquête**

Tableau 10 : Extrait des résultats de l'audit écologique des prestataires du territoire *Coeur du Bassin*

Les écopratiques		Hébergeurs			Prestataires de loisirs		
		Campings	Hôtels	Chambres d'Hôtes	Clubs Nautiques	Golf	Centres équestres
Les réflexes écocitoyens							
Les déchets	Tri sélectif	4/4	4/4	10/10	3/3	✓	2/2
Le plus	Compostage	2/4		6/10		✓	
Les énergies	Ampoules basse consommation	4/4	4/4	10/10		✓	
	Appareils électroménagers récents, de classe A/B	4/4	1/4	7/10	1/3		1/2
L'eau	Chasse d'eau à double débit	2/4	3/4	8/10			
	Réducteur de pression sur robinet et ou douche	3/4	3/4	7/10			
Le plus	Récupération des eaux de pluie			6/10			1/2
Les engagements durables							
L'entretien	Produits d'entretien biologiques	4/4	3/4	3/10	2/3	✓	1/2
Le traitement paysager	Exploitation de la végétation locale	3/4	2/4	8/10		✓	2/2
	Intégration paysagère de l'équipement à son environnement	2/4	3/4	10/10	3/3	✓	2/2
Les missions d'éducation à l'environnement							
La sensibilisation de la clientèle	Affichettes incitant au respect de l'environnement	4/4	3/4		1/3	✓	2/2
	Tenue d'un discours valorisant le territoire	3/4	4/4	10/10	3/3	✓	2/2
Le plus	Adoption d'une charte de développement durable	2/4	1/4				

Dans la catégorie des hébergeurs, une base commune peut être dégagée, elle inclue : le tri sélectif, l'utilisation d'ampoules basse consommation, l'installation de chasses d'eau à double débit et de réducteurs de pression sur les robinets, un traitement paysager en harmonie avec l'environnement de l'équipement, et enfin la tenue d'un discours valorisant le territoire. Néanmoins les résultats de l'enquête peuvent être nuancés en fonction de la catégorie d'hébergement : d'une part les campings et hôtels, d'autre part les chambres d'hôtes. Cela s'explique du fait de la différence de capacité d'accueil en hébergement collectif et individuel, qui engendre des coûts de fonctionnement proportionnels au nombre de lits touristiques. Ainsi les hôtels et campings ont plus d'intérêt à mettre l'accent sur les missions de sensibilisation à l'environnement par un affichage adéquat et l'adoption d'une charte de développement durable, qu'un propriétaire de chambre d'hôtes.

Dans la catégorie des prestataires de loisirs, les résultats de l'enquête sont difficilement interprétables du fait que certains ne sont pas alimentés en eau potable et/ou ne sont pas équipés d'une installation électrique. Ainsi, ils ont recours à d'autres moyens tels que le captage de l'eau par un système de forage dans la nappe phréatique et utilisent des pastilles de filtration d'eau pour la déferriser. D'autres ont installé des toilettes sèches et un panneau solaire pour l'éclairage de leur équipement tandis que certains préfèrent concentrer leurs activités en journée plutôt qu'en soirée afin d'éviter les incidents dus au manque de lumière. Néanmoins, une base d'écopratiques communes se dégage, incluant le tri sélectif des déchets, l'utilisation de produits d'entretien biologiques, l'intégration paysagère de l'équipement à son environnement ainsi que des mesures de sensibilisation au respect de l'environnement.

Finalement, le bilan de l'enquête reflète une démarche environnementale déjà engagée par l'ensemble des prestataires et pour certains, avancée. En référence aux axes de la grille d'évaluation, les réflexes écocitoyens sont pour la plupart acquis, tout comme les missions de sensibilisation/éducation à l'environnement. En revanche, les engagements durables apparaissent plus lacunaires, ce qui s'explique, d'après les remarques relevées lors de l'enquête, par un manque d'informations sur les mesures écologiques, de nombreux questionnements quant à la performance et l'efficacité des dispositifs de développement durable (panneaux solaires, géothermie, cuve de récupération des eaux de pluie...) et surtout par un coût d'investissement important.

Maintenant les caractéristiques territoriales et touristiques du *Cœur du Bassin* présentées, la sous-partie suivante s'intéresse à l'organisation institutionnelle afin de déterminer quels acteurs interagissent sur le territoire et quel est le rôle de chacun.

C. L'organisation institutionnelle

1. L'institutionnel du territoire : l'office de tourisme intercommunal

L'office de tourisme intercommunal du territoire *Cœur du Bassin* est un Syndicat Intercommunal à Vocation Unique (SIVU) à la seule compétence tourisme. Il est géré en Service Public à Caractère Industriel et Commercial (SPIC) et bénéficie d'une autorisation de commercialisation, délivrée par la préfecture en 2007.

Il a été créé en 2004 consécutivement à la mise en place d'une politique touristique intercommunale sur les deux communes de Lanton et Audenge. Un an plus tard, en 2005, il obtient le classement trois étoiles. Sa création traduit la volonté des élus communaux lantonnais et audengeois de mettre en commun la compétence tourisme afin d'une part d'ancrer une véritable politique de développement local. Et d'autre part, d'assurer la reconnaissance des acteurs socioprofessionnels à travers leur mise en réseau et le développement des partenariats.

Jusqu'en 2003, la commune d'Audenge disposait d'un office de tourisme, sous la forme d'une association loi 1901, géré par deux salariés. Lanton, quant à elle, présentait un office de tourisme, sous la forme d'un EPIC (Etablissement Public à Caractère Industriel et Commercial), géré par trois salariés. Ensemble, ils élaboraient une brochure commune et travaillaient en étroite collaboration afin de promouvoir une offre touristique complémentaire.

A la création de l'OTI, entre 2004 et 2008, ce sont donc cinq salariés qui géraient le fonctionnement de l'office et bientôt un service groupe a été créé, ce qui s'accompagne du recrutement d'une salariée en charge de son fonctionnement et d'une animatrice environnement pour encadrer l'offre de produits en lien avec la nature.

Office de Tourisme Intercommunal *Cœur du Bassin*

CARTE D'IDENTITÉ OTI : Biganos 33 380 – Audenge 33 980 – Lanton 33 138

STATUT : SIVU Tourisme   GESTION : SPIC
PRÉSIDENCE : Nathalie LE YONDRE   DIRECTION : Emmanuelle LAVERNHE
CRÉATION OTI (Lanton-Audenge) : 2004   INTÉGRATION BIGANOS : 2009

ORGANISATION : Siège social OTI à Lanton, 2 antennes à Biganos et Audenge
CLASSEMENT : ***   BUDGET : 300 000 €   SALARIÉS : 7 permanents

MISSIONS PRINCIPALES : Accueil, Information, Promotion, Coordination
MISSIONS SECONDAIRES : Animation, Commercialisation, Evénementiel

ENJEU :   Identifier le territoire comme destination écotouristique
           Créer un sentiment d'appartenance
           Combiner les missions de service public et commerciales

<<>> Office de Tourisme Intercommunal Cœur du Bassin <<>>
<< Biganos 33 380 <> Audenge 33 980 <> Lanton 33 138 >>

OFFICE DE TOURISME

Figure 7 : Carte d'identité de l'OTI *Coeur du Bassin*[1]

Plus tard, en 2009, la commune de Biganos a été intégrée dans le périmètre d'intervention de l'OTI *Cœur du Bassin* afin de renforcer sa cohésion territoriale et de renforcer l'image d'une destination nature. Dès lors, l'OTI s'organise autour de sept salariés permanents et un saisonnier : la directrice et son adjointe, trois conseillers en séjours répartis sur les trois antennes, une personne en charge du service groupe et une animatrice environnement.

---

[1] H.Valot, M2 AGEST, 2010-2011

L'OTI, ouvert à l'année (315 jours/an), se structure autour de missions principales dites de service public, et de missions secondaires confiées par les collectivités territoriales :

❖ **Les missions principales :**

- Accueil
- Information
- Promotion
- Coordination des acteurs

❖ **Les missions secondaires :**

- Animation du territoire
- Commercialisation des produits touristiques
- Evènementiel

A partir de ces missions, l'OTI a élaboré une politique de développement touristique à l'échelle de son territoire d'intervention. Ce plan d'actions a été établi pour la période 2010/2012 ; il se structure en trois axes principaux, chacun scindé en objectifs, comportant eux-mêmes des actions précises à mettre en place à l'horizon 2012.

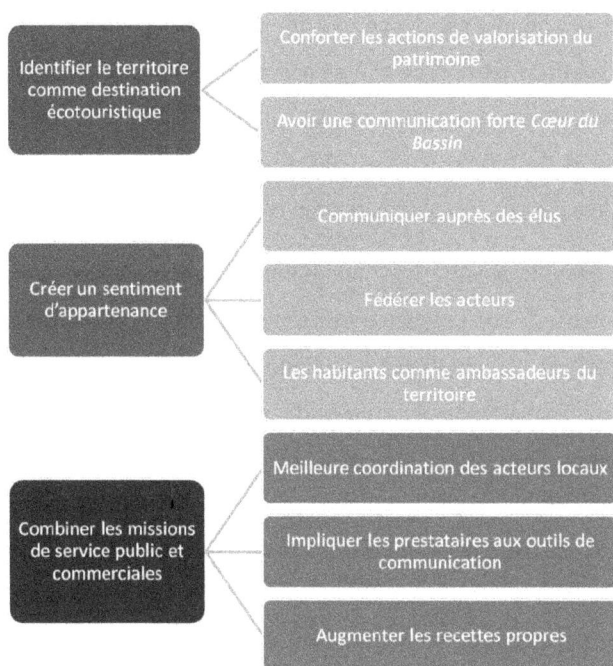

Figure 8 : Plan d'actions de l'OTI *Coeur du Bassin*[1]

Le premier axe traduit la volonté de positionner le territoire *Cœur du Bassin* comme destination écotouristique à travers des actions de sensibilisation et d'éducation à l'environnement et de valorisation du patrimoine local. Biganos, Audenge et Lanton sont ainsi les seules communes du SIBA à faire le choix de l'écotourisme comme modèle de développement touristique permettant à terme de structurer l'offre du territoire et de bénéficier d'une meilleure lisibilité.

2. Les partenaires du territoire : SIBA, Pays BarVal, PNRLG (Cf. Partie I. III.A.1.a.b.c.)

L'ensemble des partenaires du *Cœur du Bassin*, que sont le SIBA, le Pays BarVal et le PNRLG, constitue des territoires de projets à différentes échelles ; tous englobent néanmoins les trois communes de Biganos, Audenge et Lanton.

---

[1] H.Valot, M2 AGEST, 2010-2011

Leur stratégie de développement respective les conduit à collaborer sur le volet tourisme de leur politique territoriale et à mener des actions en partenariat. Ainsi le SIBA joue un rôle essentiel en matière de communication et promotion de la destination Bassin d'Arcachon dans sa globalité. Le lien avec l'OTI *Cœur du Bassin*, s'établit donc autour du volet marketing territorial.

Le Pays BarVal, travaille quant à lui à la définition d'une politique écotouristique commune à l'ensemble de son périmètre d'intervention dans le but de structurer une offre globale en matière d'écotourisme et de fédérer les prestataires du territoire au sein d'un réseau d'éco-acteurs. Ces objectifs rejoignent ceux du PNRLG qui s'attache à l'ancrage territorial d'une démarche écotouristique pérenne par des objectifs de sensibilisation des publics, d'accompagnement des porteurs de projets et d'encouragement d'une offre de produits touristiques novateurs et responsables. Ces deux acteurs travaillent en étroite collaboration afin de porter une stratégie de développement territorial autour des valeurs de l'écotourisme.

3. Les autres partenaires, dépourvus de la compétence tourisme

a. La COBAN

La COmmunauté de communes du Bassin d'Arcachon Nord (COBAN) constitue un ensemble de huit communes situées sur la partie nord du bassin. Elle comprend Andernos, Arès, Audenge, Biganos, Lanton, Lège Cap Ferret, Marcheprime et Mios (Cf. Carte 5). Ce territoire s'étend sur une superficie de 605 km², englobant 50 000 habitants, soit une densité de population de près de 83 habitants/km².

Les huit communes membres de cette CdC lui ont transféré les compétences et les moyens nécessaires à la réalisation de ses missions. Ainsi elle exerce deux compétences obligatoires et deux optionnelles :

❖ **Compétences obligatoires :**

- *Le développement économique* consistant en la promotion économique et l'aide à l'implantation des entreprises dans les zones d'activités économiques.

- *L'aménagement de l'espace* avec pour objectif la réalisation d'opérations publiques d'aménagement.

❖ **Compétences optionnelles :**

- *La protection et la mise en valeur de l'environnement* avec pour mission la collecte et le traitement des déchets.

- *La construction, l'entretien et le fonctionnement d'équipements culturels et sportifs futurs d'intérêt communautaire.*

La COBAN n'est donc pas compétente en matière de tourisme, néanmoins ses missions sont indispensables à la planification et à la maîtrise d'un développement touristique durable.

d. Le SYBARVAL

Le SYndicat mixte du Bassin d'Arcachon et du Val de l'Eyre (SYBARVAL) a été créé par arrêté préfectoral du 31 décembre 2005 dans l'objectif d'assurer le suivi du Schéma directeur existant approuvé le 14 avril 1994 ; ainsi que la révision du Schéma de COhérence Territoriale (SCOT) sur son périmètre d'intervention. Ce syndicat mixte reprend ainsi une compétence qu'exerçait le SIBA jusqu'à la création du SYBARVAL, en l'étendant à un territoire plus vaste. Ce dernier correspond à celui du Pays BarVal, c'est-à-dire un ensemble de 17 communes couvrant près de 1 500 km² et englobant 130 000 habitants (Cf. Carte 9).

Le SCOT est un document de planification stratégique qui fixe les orientations d'aménagement à long terme en y arrêtant les politiques d'urbanisme, d'environnement, d'habitat, de transport, d'implantations commerciales et de grands équipements. Il permet donc de donner du sens à l'urbanisation en s'appuyant sur les besoins locaux.

Bien que ce document ne s'intéresse pas directement au tourisme, ses champs de compétence rejoignent les domaines d'intervention du développement touristique tels que l'urbanisme, l'environnement ou encore l'implantation de grands équipements. Par ailleurs, le SCOT doit tenir compte des axes stratégiques de la Charte du PNR des Landes de Gascogne (Cf. Partie I.III.A.1.c.) sur leur territoire commun afin que les projets portés soient en adéquation avec les impératifs respectifs de ces deux documents.

Acteurs	Type de structure	Périmètre d'intervention	Compétence/Mission
L'institutionnel du territoire _Cœur du Bassin_			
OTI	**SIVU** _géré en SPIC_, créé en 2004 _(en 2009, intégration de Biganos)_	**3 communes :** _Biganos, Audenge, Lanton_ soit un territoire de 295km² comptant 21 247 habitants	• Identifier le territoire comme destination écotouristique • Créer un sentiment d'appartenance • Combiner les missions de services publics et commerciales
Les partenaires du territoire _Cœur du Bassin_			
SIBA	**Syndicat Mixte** : _Syndicat Intercommunal du Bassin d'Arcachon_, créé le 23 juin 1964	**10 communes :** _Arcachon, La Teste de Buch, Gujan-Mestras, Le Teich, Biganos, Audenge, Lanton, Andernos-les-Bains, Arès , Lège-Cap Ferret_ soit un territoire de 786km² comptant 105 193 habitants	• Assainissement des eaux usées urbaines et industrielles • Assainissement des eaux pluviales • Travaux maritimes • Hygiène et santé publique • Promotion touristique
PNR Landes de Gascogne	**Syndicat Mixte** créé le 16 octobre 1970	**41 communes :** _dont 20 en Gironde et 21 dans les Landes_ soit un territoire de 315 300 hectares	• Protéger et valoriser les patrimoines naturels et culturels • Développer et

		comptant 60 500 habitants	animer de façon durable • Renforcer la protection et la gestion du patrimoine paysager • Communiquer l'histoire des Landes de Gascogne au public
Pays Bassin d'Arcachon Val de l'Eyre	**Pays** *territoire de projet sans structure juridique propre,* créé le 13 décembre 2004	**3 intercommunalités :** *COBAN, COBAS, CdC Val de l'Eyre* soit un territoire de 1494km² comptant 130 000 habitants	•Elaboration d'une étude sur le développement touristique du territoire •Réalisation d'un schéma d'urbanisme commercial •Mise en place d'un schéma de développement culturel
	**Les autres partenaires du territoire *Cœur du Bassin***		
COBAN	**CdC :** **CO**mmunauté *de communes* **B**assin *d'Arcachon* **N**ord créée en novembre 2003	**8 communes :** *Lège-Cap Ferret, Arès, Andernos-les-Bains, Lanton, Audenge, Biganos, Mios, Marcheprime* soit un territoire de 605km² comptant 50 000 habitants	•Développement économique •Aménagement de l'espace •Protection et mise en valeur de l'environnement •Construction, entretien et fonctionnement d'équipements culturels et sportifs futurs d'intérêt communautaire
SYBARVAL	**Syndicat Mixte :** **SY**ndicat mixte *du* **B**assin *d'***AR**cachon **VAL** *de l'eyre*	**3 intercommunalités :** *COBAN, COBAS, CdC Val de l'Eyre* soit un territoire de 1494km² comptant	• Gestion du schéma directeur existant • Elaboration du SCOT *(Schéma de* **CO**hérence *Territoriale)*

	créé le 31 décembre 2005	130 000 habitants	

Tableau 11 : Les acteurs du territoire *Coeur du Bassin*

A ces acteurs, institutionnel et partenaires, du territoire *Cœur du Bassin*, s'ajoute l'importance du réseau associatif local, composé de plus de 250 associations culturelles, sportives, et à but divers ; dont une dizaine œuvrant pour la préservation de l'environnement.

Le territoire *Cœur du Bassin* vient d'être présenté selon trois types d'organisation : territoriale, touristique et institutionnelle. Ainsi les aménités territoriales, l'offre touristique et les acteurs des trois communes de Biganos, Audenge et Lanton ont été dégagés. Ces données vont maintenant être comparées dans un benchmark territorial qui s'intéresse au territoire landais du Seignanx, dont la politique de développement touristique rejoint celle du *Cœur du Bassin*.

IV. Benchmark territorial, zoom sur un exemple à suivre : la démarche écotouristique du Seignanx[1]

Cette dernière sous-partie de l'état des lieux s'attache à l'étude d'un territoire aquitain, Le Seignanx, dont l'office de tourisme communautaire a été le premier de la région à s'engager dans une démarche d'écotourisme. Le présent benchmark constitue une enquête menée auprès de ce territoire intercommunal afin de souligner les orientations de sa politique touristique, sur lesquelles le *Cœur du Bassin* s'appuie pour élaborer sa propre stratégie de développement écotouristique.

A. Carte d'identité du territoire

1. Localisation du territoire

Le territoire du Seignanx correspond à celui de la Communauté de Communes du même nom, située en région Aquitaine, au sud du département des Landes, à la frontière avec les Pyrénées-Atlantiques[2] .

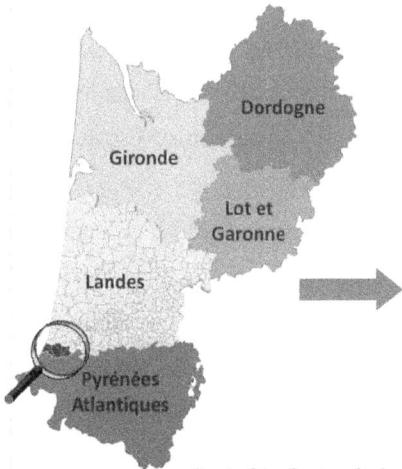

Carte 22 : La Communauté de Communes du Seignanx

Carte 21 : Le territoire du Seignanx en Aquitaine

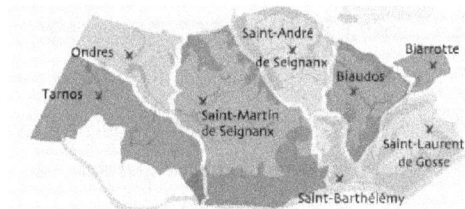

[1] Benchmark réalisé à partir des sites internet des institutions du territoire : http://www.cc-seignanx.fr/ ; http://www.cpie-seignanx.com/ ; http://www.seignanx-tourisme.com/
[2] Fond de carte 21 : www.cartograf.fr/les-pays-la-france
Fond de carte 22 : www.d-maps.com/carte.php?num_car=12869&lang=fr

Ce territoire intercommunal englobe un ensemble de huit communes que sont, d'ouest en est : Ondres, Tarnos, Saint-Martin de Seignanx, Saint-André de Seignanx, Biaudos, Saint-Barthélémy, Biarrotte et Saint-Laurent de Grosse. Elles se regroupent au sein de la CdC du Seignanx à laquelle elles ont délégué certaines de leurs missions pouvant se regrouper en trois axes principaux que sont l'aménagement du territoire, le développement économique et la politique de la ville. La compétence tourisme, quant à elle, a été confiée à un office de tourisme communautaire, celui du Seignanx. Son siège social se situe à Ondres, tandis qu'une antenne saisonnière est ouverte en période estivale à Tarnos.

2. Les caractéristiques du territoire intercommunal du Seignanx

a. Données géo-démographiques

Le territoire intercommunal du Seignanx s'étend sur une superficie de plus de 154 km² et englobe 24 160 habitants, donnant lieu à une densité de population de 156 habitants/km², soit près de quatre fois plus que la moyenne départementale landaise, qui s'établit à hauteur de 40 habitants/km². A titre de comparaison, le territoire du Seignanx représente un territoire deux fois moins étendu que le *Cœur du Bassin* pour une démographie équivalente. La densité de population est donc nettement supérieure dans le Seignanx que sur Audenge-Biganos-Lanton. Ce qui s'explique par la concentration des zones urbanisées sur une partie restreinte du territoire *Cœur du Bassin*, au profit du maintien du vaste massif forestier faiblement urbanisé (Cf. Partie I. III.A.2.b.) ; à l'inverse du Seignanx où la forêt ne constitue pas la caractéristique environnementale dominante et où l'urbanisation est diffuse sur le territoire intercommunal.

Office de Tourisme Communautaire du Seignanx

TERRITOIRE : Tarnos, Ondres, St Martin de Seignanx, St André de Seignanx, Biaudos, St Barthélémy, Biarrotte et St Laurent de Grosse

REGION : Aquitaine   DÉPARTEMENT : Landes (40)   CdC : Seignanx
SUPERFICIE : 154 km²   NOMBRE HABITANTS : 24 160   DENSITÉ : 156hab/km²
NOMBRE TOURISTES : 13 000   NOMBRE LITS TOURISTIQUES : 6 250
NOMBRE NUITEES : 250 000

STATUT : Association loi 1901   CRÉATION OT : 2002
PRÉSIDENCE : Pascale CHARLASSIER   DIRECTION : Jérôme LAY
ORGANISATION : Siège social OT à Ondres, 1 antenne estivale à Tarnos
CLASSEMENT : **   BUDGET : 130 000 €   SALARIÉS : 2 permanents
MARQUE : Qualité Tourisme

MISSIONS PRINCIPALES : Accueil, Information, Promotion, Coordination
ENJEU : Planifier une activité écotouristique

‹‹›› Office de Tourisme Communautaire du Seignanx ‹‹››
PD 810 - BP 34 40 440 Ondres
Tel . 05 59 45 19 19   www.seignanx-tourisme.com

OFFICE DE TOURISME

Figure 9 : Carte d'identité du Seignanx[1]

b. L'offre touristique du territoire

Le territoire du Seignanx se caractérise par la diversité et la richesse de ses patrimoines identitaires. Situé au sud des Landes et en bordure de l'océan atlantique, il possède une façade littorale et un linéaire de plages d'une longueur de 8 kms. Cette bande côtière est doublée d'une dizaine de kilomètres de pistes cyclables et d'une vingtaine de kilomètres de voie littorale de Saint-Jacques de Compostelle. Ce réseau constitue la zone tampon avec le rétro-littoral, caractérisé, quant à lui, par la richesse de ses bâtisses à l'architecture typique. En effet, nombreux sont les sites d'intérêt historiques et patrimoniaux du territoire : villages landais traditionnels, châteaux, églises, frontons de pelote… L'intérieur des terres se caractérise également par la diversité du patrimoine naturel en partie composé de la forêt landaise aux pins maritimes, elle-même ponctuée de parcs et jardins à la biodiversité affirmée. Ces espaces constituent les hauts lieux de la pratique de la randonnée pédestre et à VTT, grâce à sept circuits de randonnées, formant un réseau de 96 kms de sentiers et chemins balisés. L'identité du Seignanx se reflète également à travers

---

[1] H.Valot, M2 AGEST, 2010-2011

les produits du terroir, issus des fermes landaises (canard, magret, confit, foie gras, fromage…) et des producteurs locaux (fruits, légumes, vins…).

c. Les équipements du territoire

Le territoire dispose de 6 250 lits touristiques marchands, répartis sur 9 hôtels, 1 village vacances, 1 résidence de tourisme, 1 hôtel, 18 chambres d'hôtes et 88 gîtes ; auxquels s'ajoutent 540 résidences secondaires. L'intercommunalité enregistre ainsi 250 000 nuitées à l'année. La capacité d'accueil marchande du Seignanx correspond à celle du *Cœur du Bassin*, bien que ce dernier enregistre des nuitées plus nombreuses. En revanche, la CdC bénéficie d'équipements hôteliers plus nombreux, où le camping et les gîtes dominent le marché au détriment des hébergements collectifs (hôtel, village vacances, résidence de tourisme).

Egalement, l'offre de loisirs du territoire du Seignanx se structure essentiellement autour de neufs clubs nautiques (écoles de surf, de voile, de natation, de canoë…). Des équipements annexes tels qu'un centre équestre, deux points location de vélos et motos, un centre de paint-ball ou encore des complexes sportifs multi-activités complètent la gamme des loisirs. Celle-ci correspond finalement à celle du *Cœur du Bassin*, elle-même structurée autour d'activités nautiques et complétée par des équipements annexes similaires (Cf. Partie I. III.B.1.b.).

d. L'office de tourisme communautaire

Le Seignanx, est régi du point de vue de son organisation touristique par un office de tourisme communautaire, couvrant les huit communes composant la CdC du Seignanx. Il prend la forme d'une association loi 1901, classé 2 étoiles et marqué *Qualité Tourisme*. A l'année, il accueille 13 000 visiteurs au siège social et sur l'antenne estivale, dont 5 800 en juillet et août ; soit la moitié des chiffres enregistrés, respectivement à l'année et sur les mois d'été par le *Cœur du Bassin* (Cf. Partie I. II.A.4.).

L'office de tourisme du Seignanx a pour missions l'accueil et l'information des touristes, la promotion du territoire et la coordination des acteurs locaux. Au-delà de ces attributions, l'OT a engagé une démarche d'écotourisme à l'échelle de son périmètre d'intervention dans l'objectif de planifier une activité touristique responsable et pérenne.

B. L'engagement écotouristique du Seignanx

1. Les enjeux de la démarche écotouristique

En 2008, l'office de tourisme du Seignanx et le Centre Permanent d'Initiatives pour l'Environnent (CPIE)[1] du Seignanx Adour ont initié une démarche d'écotourisme avec l'ensemble des partenaires privés et publics du territoire. L'enjeu global étant la planification d'une activité touristique responsable qui tend à la préservation durable des espaces naturels et du cadre de vie du Seignanx. Afin de mener à bien cet axe de développement, quatre objectifs ont été déclinés pour encadrer cette démarche :

- *Préserver les ressources naturelles*, particulièrement riches sur ce territoire landais, qui bénéficient par ailleurs d'espaces protégés (dont certains sont propriétés du Conservatoire du Littoral) par des zonages de protection tels que la ZNIEFF (Zone d'Intérêt Ecolgique, faunistique et Floristique), Natura 2000 ou encore les réserves naturelles.

- *Réduire les coûts de fonctionnement* des équipements hôteliers afin d'optimiser la gamme de prix des prestations d'hébergement.

---

[1] « *Un CPIE est une association labellisée qui agit dans deux domaines d'activités en faveur du développement durable : la sensibilisation et l'éducation de tous à l'environnement ; l'accompagnement des territoires au service de politiques publiques et de projets d'acteurs* » www.cpie.fr

- *Développer l'image du territoire* par l'encouragement de l'obtention de l'écolabel afin de consolider l'image nature de la destination.

- *Répondre à la demande* : le comportement des clientèles évolue et tend de plus en plus vers des pratiques écologiques (achats de produits écolabellisés, augmentation des sites internet dédies au développement durable, intérêt grandissant des acteurs du tourisme, augmentation des nuitées en hébergements écolabellisés), l'enjeu est donc d'adapter l'offre à la demande.

Préalablement au lancement concret de cette démarche écotouristique, les partenaires à associer ont été identifiés afin de structurer une offre de territoire autour des valeurs de l'écotourisme. L'enjeu de cet engagement est d'intégrer les prestataires locaux à une dynamique commune pour identifier le Seignanx comme territoire à l'activité touristique durable. Ainsi les trente hébergeurs locaux (à l'exception des meublés) ont été les premiers partenaires à y être associés.

2. Le déroulement de la démarche

Initié en 2008, la démarche écotouristique du Seignanx a véritablement débuté à l'avant-saison 2009, sur les mois d'avril et mai, où un diagnostic territorial a été engagé afin de réaliser un état des lieux des pratiques de développement durable mises en place par chacun des trente hébergeurs (les meublés ont été inclus dans un second temps). Il s'agissait de recenser les mesures prises en matière d'économies d'énergies, de gestion des déchets, et d'utilisation de produits écologiques. L'objectif étant de connaître le degré d'investissement de chacun dans une démarche environnementale afin de déterminer les besoins et attentes des partenaires. Il en est ressorti une volonté commune de participer à l'amélioration collective des pratiques et usages à l'échelle du territoire, sans forcément avoir recours dans l'immédiat à l'écolabellisation.

A l'issu de ce diagnostic, après la saison, à partir des mois d'octobre-novembre 2009, des ateliers d'informations ont été organisés et animés par l'office de tourisme. Ils ont permis de réunir les hébergeurs et de leur présenter les résultats de l'enquête menée quelques mois auparavant. A partir des données ressorties dans l'état des lieux, les actions prioritaires à mener et les outils à créer ont été identifiés pour positionner le Seignanx comme destination écotouristique. Ces réunions ont également contribué à développer le réseau des acteurs locaux du tourisme afin de les fédérer autour d'un projet commun. Ces ateliers ont été le lieu d'échanges entre hébergeurs et de sensibilisation à l'amélioration des pratiques de développement durable.

3. Les outils créés

A partir du diagnostic et des besoins exprimés lors des ateliers d'informations, des outils d'appui à la mise en place pérenne de la démarche environnementale ont été créés. Ainsi un guide des écogestes à destination des hébergeurs et un livret d'entretien écologique des jardins ont été rédigés par l'office de tourisme et le CPIE Seignanx Adour. Ils constituent une véritable boîte à outils regroupant des conseils et informations pratiques sur la mise en place de mesures concrètes en matière de développement durable. Egalement, un manuel des pratiques écoresponsables à destination des touristes du territoire a été élaboré dans l'objectif de les sensibiliser aux écogestes durant leur séjour et de les inciter à la préservation des milieux naturels. Cela s'accompagne de la création d'affichettes de sensibilisation aux économies d'énergies et de gestion durable des déchets ; ainsi que de la mise à disposition des hébergeurs de cabas à l'effigie de l'écotourisme, en vue de la réduction de l'utilisation de sacs plastiques. Enfin, une charte d'engagement à l'écotourisme a été rédigée pour impliquer de façon concrète l'hébergeur signataire dans la démarche environnementale. Y adhérer traduit l'engagement du prestataire qui reconnaît mettre en œuvre les actions visant à favoriser la biodiversité, acheter écoresponsable, préserver la ressource en eau, économiser l'énergie et réduire la production de déchets. Afin que ces engagements soient des plus suivis et respectés, l'office de tourisme met à disposition des signataires des documents supports tels qu'un tableau de calcul des consommations d'eau et d'énergies, une liste des produits non traitables par la station d'épuration ainsi que l'ensemble des outils créés en vue de la sensibilisation au respect de l'environnement.

Ce projet d'écotourisme, porté par l'office de tourisme du Seignanx, a reçu le soutien financier de plusieurs partenaires que sont la Communauté Européenne, le Conseil Régional d'Aquitaine, le Conseil Général des Landes et la Communauté de Communes du Seignanx.

Cette politique écotouristique, véritable projet de territoire porté par l'OT du Seignanx, traduit un engagement à la fois des institutionnels qui ont contribué à sa réalisation, mais surtout un véritable investissement de la part des hébergeurs locaux, qui se reflète notamment à travers la signature de la charte d'écotourisme. Cette démarche a permis de fédérer les acteurs touristiques autour d'un projet commun de développement et de les intégrer à une dynamique de territoire. Ce projet a pu se concrétiser grâce notamment à l'élaboration d'outils de travail, aide fondamentale à la mise en place concrète du projet ; et qui tendent aujourd'hui à évoluer en véritables supports de communication.

Maintenant les aménités territoriales et les données économico-touristiques recensées, le schéma institutionnel et la démarche environnementale du territoire *Cœur du Bassin* présentés, ces éléments sont analysés dans la seconde partie, le diagnostic, selon la matrice FFOM (Forces, Faiblesses, Opportunités, Menaces). Ce deuxième temps de l'étude se décline en quatre parties, chacune correspondant à un volet de l'état des lieux : le réseau d'acteurs, les aménités territoriales, l'offre touristique et la démarche environnementale entreprise par l'OTI.

DIAGNOSTIC

I. Le réseau d'acteurs

Forces	Faiblesses
OTI : - Une structure dynamique : 7 salariés polyvalents répartis sur 3 antennes - En pleine croissance : intégration de Biganos en 2009 + projet d'ouverture d'une antenne de l'OTI dans le cadre du projet du Conseil Général de la Gironde de pôle environnement au domaine de Certes-Graveyron - Des missions complémentaires : classiques d'un OT + animation du territoire, service groupe (autorisé à commercialiser), évènementiel - Le *Cœur du Bassin*, intégré à de nombreux territoires de projets (SIBA, Pays BarVal, PNR), s'appuie sur ce réseau d'acteurs - Audenge et Biganos, communes du PNRLG - Intervention du Conservatoire du littoral et du Conseil Général de la Gironde sur les espaces naturels protégés du territoire	- Subventions des 3 communes de Biganos, Audenge, Lanton, à l'OTI gelées depuis 3 ans : un budget limité mais une croissance affirmée
Opportunités	**Menaces**
SIBA : - Promotion forte de la destination Bassin d'Arcachon - Elaboration d'un plan de marketing territorial commun aux 10 OT **Pays BarVal :** - Révision de la charte de Pays, qui évolue en un Agenda 21 de Pays d'ici 2012 - Futur Agenda 21 de Pays fondé sur un développement écotouristique du territoire **PNRLG :** - Politique touristique du PNR fondée sur les valeurs de l'écotourisme - Intégration de Lanton au PNRLG	- Remaniement politique des élections municipales de 2014

d'ici 2012, dans le cadre de la révision de la charte du parc - Les priorités de la future charte du PNR persévèrent dans l'ancrage d'une politique écotouristique pérenne	

II. Les aménités territoriales

Forces	Faiblesses
Les moyens d'accès : - Un territoire relié au réseau routier et aux transports en commun : départementale, autoroute, nationale, liaisons bus et train - Pistes cyclables/sentiers de randonnées intégrés au réseau du Bassin d'Arcachon - Voie littorale de St Jacques de Compostelle et GR traversent le territoire - Le *Cœur du Bassin*, situé à égale distance entre Arcachon et le Cap Ferret (40 kms) **Les espaces naturels :** - Importance de la surface boisée du territoire : couvert à 50% par le massif forestier des Landes de Gascogne - Un linéaire côtier de 15 kms - Nombreux espaces protégés à la biodiversité affirmée **Le patrimoine :** - Diversité des patrimoines identitaires : naturel/forestier, maritime/ostréicole, architectural/historique	- Une urbanisation condensée qui tend à se développer : mitage de l'espace - Usine Smurfit, implantée à Biganos, dégage de fortes odeurs de cellulose de pins - Un axe unique de déplacement automobile sur le territoire *Cœur du Bassin*, la D3 : embouteillages fréquents - Absence d'intermodalité de déplacement : faible fréquence du passage de la ligne de bus + absence de point relais vélo.
Opportunités	**Menaces**
- Intégration de Lanton au PNRLG, renforcement de l'image de territoire naturel	- Risques de catastrophes naturelles (incendie, tempête) : destruction des espaces naturels - Concentration des flux touristiques aquitains sur le littoral : risque de dégradation des espaces naturels

III. L'activité touristique

Forces	Faiblesses
Offre touristique : - Littorale et rétro-littorale - Diversité d'animations et produits proposés par l'OTI - Multiplicité et richesse des espaces à découvrir en itinérance et en autonomie	- Le *Cœur du Bassin*, aussi appelé fond du bassin, est perçu comme territoire isolé et peu dynamique par les clientèles de proximité
Fréquentation : - Clientèle locale de proximité : 37% d'Aquitains - Clientèle familiale - Augmentation des internautes sur le site Internet de l'OTI : multiplication par 2,5 entre 2009 et 2010	**Fréquentation :** - Saisonnalité très marquée - Les 3 communes du *Cœur du Bassin* enregistrent les plus faibles taux de fréquentation par rapport aux 7 autres communes du territoire du SIBA
Hébergement : - Prédominance du marchand : camping en tête, correspond à la clientèle famille - Importance de l'hébergement individuel : volonté des chambres d'hôtes de se structurer en réseau	**Hébergement :** - Inégale répartition des lits touristiques : concentration à Lanton de deux hôtels et deux campings - Absence d'hôtel à Audenge - Des meublés non professionnels
Equipement de loisirs : - Choix dans l'offre nautique et équestre - Présence d'un golf à Lanton, sur les quatre que compte le territoire du SIBA (Arcachon, Gujan-Mestras, Cap Ferret, Lanton)	**Equipement de loisirs :** - Peu d'activités variées
Ecotourisme : - Valorisation du domaine de Certes par l'adoption d'une charte paysagère et environnementale - Projet d'ouverture d'une antenne de l'OTI dans le cadre du projet du Conseil Général de la Gironde de pôle environnement au domaine de Certes-Graveyron : renforcement de la politique écotouristique du *Cœur du Bassin*	**Ecotourisme :** - Absence de politique environnementale forte sur les trois communes

Opportunités	Menaces
- Proximité de l'agglomération bordelaise : pôle urbain émetteur de flux - Le littoral girondin est l'espace côtier le plus fréquenté avec 56% des flux sur le Bassin d'Arcachon - Les facteurs d'attractivité du Bassin d'Arcachon (environnement de qualité, randonnées pédestre et cycliste, sites patrimoniaux) sont en adéquation avec les aménités territoriales du *Cœur du Bassin* - Préférence des clientèles littorales et du Bassin d'Arcachon pour l'hébergement marchand, surtout le camping, correspond à l'offre du *Cœur du Bassin*	- La moitié des communes du SIBA (Arcachon, La Teste de Buch, Andernos, Lège-Cap Ferret, Arès) captent les 2/3 des touristes du territoire - Forte attractivité et fréquentation d'Arcachon et du Cap Ferret, villes les plus renommées du Bassin d'Arcachon
Ecotourisme : - Adéquation des clientèles régionales à celle du marché de l'écotourisme - Le potentiel écotouristique de l'Aquitaine : nombreux sites d'intérêt écologiques, intégrés à des zones de protection - Travail en collaboration du Pays BarVal et du PNRLG pour porter une stratégie de développement territorial autour des valeurs de l'écotourisme	**Ecotourisme :** - Marché porteur, en pleine croissance : multiplication des destinations/produits écotouristiques, illisibilité de l'offre - Absence d'animation et d'atelier dédiés à l'écotourisme, organisés par les acteurs partenaires du *Cœur du Bassin* (SIBA, Pays, Parc)

IV.   La démarche environnementale

Forces	Faiblesses
Le positionnement de l'OTI : - Une réflexion engagée depuis 2009 - Engagement dans un réseau d'éco-acteurs - Adoption d'écopratiques au quotidien **La démarche environnementale :** - Participation de tous les hébergeurs à l'audit - Engagée par chacun des prestataires du territoire audité - Une base commune d'écopratiques à l'ensemble des prestataires - Maîtrise des réflexes écocitoyens et des missions d'éducation/sensibilisation à l'environnement	**Le positionnement de l'OTI :** - Faible communication sur l'engagement écotouristique - Absence de personnel dédié à l'écotourisme au sein de l'OTI **La démarche environnementale :** - Faible participation des prestataires de loisirs - Lacunes sur les engagements durables - Manque d'informations sur les dispositifs du développement durable
Opportunités	**Menaces**
- Programme Leader du Pays BarVal pour financer les projets de développement durable - Subventions d'actions de développement durable par la Région Aquitaine et la Chambre de Commerce et d'Industrie de Bordeaux - L'OT du Seignanx, pionnier aquitain d'un positionnement écotouristique : un exemple à suivre - Les PNR, ambassadeurs écotouristiques des territoires de projets	- Diminution des aides apportées par l'Etat aux projets d'équipements écologiques

D'après le précédent diagnostic, le territoire d'étude *Cœur du Bassin* composé des trois communes de Biganos, Audenge et Lanton, s'inscrit au sein d'un environnement naturel préservé et se qualifie notamment par la richesse de ses patrimoines identitaires locaux. L'OTI, acteur institutionnel fédérateur de ce territoire de projets, décline ainsi une gamme de produits et services touristiques en lien avec la nature afin de sensibiliser les publics à sa préservation.

Or malgré ces atouts, les trois communes souffrent d'une image dégradée et sont perçues par les clientèles de proximité comme territoire isolé et peu dynamique ; ce qui vaut par ailleurs à cette entité son appellation de fond du bassin.

Néanmoins, le diagnostic a révélé certaines opportunités, comme la collaboration du pays BarVal et du PNR Landes de Gascogne pour porter ensemble une stratégie de développement territorial autour des valeurs de l'écotourisme, sur lesquelles le territoire peut prendre appui afin de définir sa propre politique écotouristique. A ce titre, l'OTI *Cœur du Bassin*, a engagé une démarche environnementale auprès des prestataires touristiques du territoire afin d'initier son engagement durable.

A la suite de ces constats, une stratégie peut maintenant être élaborée afin de faire du *Cœur du Bassin*, le berceau de l'écotourisme arcachonnais.

STRATEGIE

Le diagnostic a révélé :

- **La diversité des patrimoines identitaires locaux** : naturel/forestier, maritime/ostréicole, architectural/historique et **une large gamme d'animations et produits proposés par l'OTI** : nature, tradition/culture, aquatique, enfant.

- **La présence d'institutionnels forts** qui intègrent le *Cœur du Bassin* dans leur périmètre d'intervention, tels que le SIBA, le pays BarVal ou encore le PNRLG. Leur stratégie de développement respective les conduit à collaborer sur le volet tourisme de leur politique territoriale et à mener des actions en partenariat.

- **Une démarche environnementale engagée par tous** : adoption d'écogestes au quotidien par l'équipe de l'OTI et mise en place d'écopratiques par les prestataires du territoire.

L'état des lieux et le diagnostic appliqués au territoire *Cœur du Bassin* ont permis de mettre en avant un ensemble de trois problématiques fortes, chacune correspondant à un type d'organisation de cette entité : territoriale, touristique, institutionnelle.

Tout d'abord, le *Cœur du Bassin*, ensemble des trois communes de Biganos, Audenge, Lanton, se caractérise par l'importance de la surface boisée du territoire, couvert à près de 50% par le massif forestier des Landes de Gascogne ; et par un linéaire côtier d'une quinzaine de kilomètres de long. Grâce à la diversité des patrimoines identitaires locaux, l'OTI, acteur fédérateur du *Cœur du Bassin*, décline une gamme de produits et d'animations en lien avec la nature afin de sensibiliser les publics à sa préservation. A cela s'ajoute, l'engagement de l'office dans une démarche environnementale associant les prestataires touristiques locaux (hébergeurs, de loisirs) pour un positionnement nouveau. Enfin, le territoire bénéficie de son intégration dans le périmètre d'intervention d'acteurs institutionnels forts, qui travaillent à la définition d'une politique de développement territorial fondée sur les valeurs de l'écotourisme, véritable tremplin à un ancrage écotouristique pérenne.

L'ensemble des points relevés précédemment permettent de dégager un enjeu fondamental qui va par la suite, guider la déclinaison des axes stratégiques et de leurs objectifs ; afin finalement d'élaborer un plan d'actions répondant à une stratégie forte. Il s'agit de **Faire du *Cœur du Bassin*, le berceau de l'écotourisme arcachonnais**[1], c'est-à-dire positionner l'OTI comme structure de référence en matière de développement touristique durable sur le territoire.

Afin de mettre en place cette stratégie globale, trois axes stratégiques ont été élaborés et déclinés en objectif. Chacune des orientations correspond à un type d'organisation du territoire :

Un premier axe développe l'organisation territoriale et touristique via un volet d'*Animation et sensibilisation des publics sur le thème de l'environnement*. Il est ensuite divisé en deux objectifs :

- Diversifier la gamme d'animations organisées et encadrées par l'OTI autour de la valorisation et de la préservation des patrimoines identitaires locaux : naturel/forestier, maritime/ostréicole, architectural/historique.

- Inciter à l'éco-responsabilité des publics que sont le personnel de l'OTI, les prestataires et les visiteurs accueillis.

Un second axe s'attache à l'organisation institutionnelle par le *Renforcement du réseau d'acteurs/partenaires*. Il est décliné en trois objectifs :

- Fédérer les prestataires (hébergeurs, loisirs) du territoire *Cœur du Bassin* en un réseau d'éco-acteurs respectant les valeurs de l'écotourisme.

- Accentuer la collaboration avec les institutionnels dont le territoire de projet intègre le *Cœur du Bassin*.

---

[1] Cette stratégie globale est planifiée à l'échelle du territoire du SIBA comprenant l'ensemble des dix communes du pourtour du Bassin d'Arcachon, d'où l'emploi de l'adjectif *arcachonnais*, faisant référence au rayonnement territorial de la stratégie.

- Développer les partenariats avec le réseau associatif local

Un troisième axe s'intéresse à la promotion du territoire par la **Définition d'une politique de marketing territorial**. Il est segmenté en deux objectifs :

- Faire évoluer l'appellation de l'OTI en une marque de territoire *Cœur du Bassin*, reflet de ses valeurs patrimoniales et de son offre touristique.

- Elaborer un plan de communication promouvant le positionnement écotouristique du territoire.

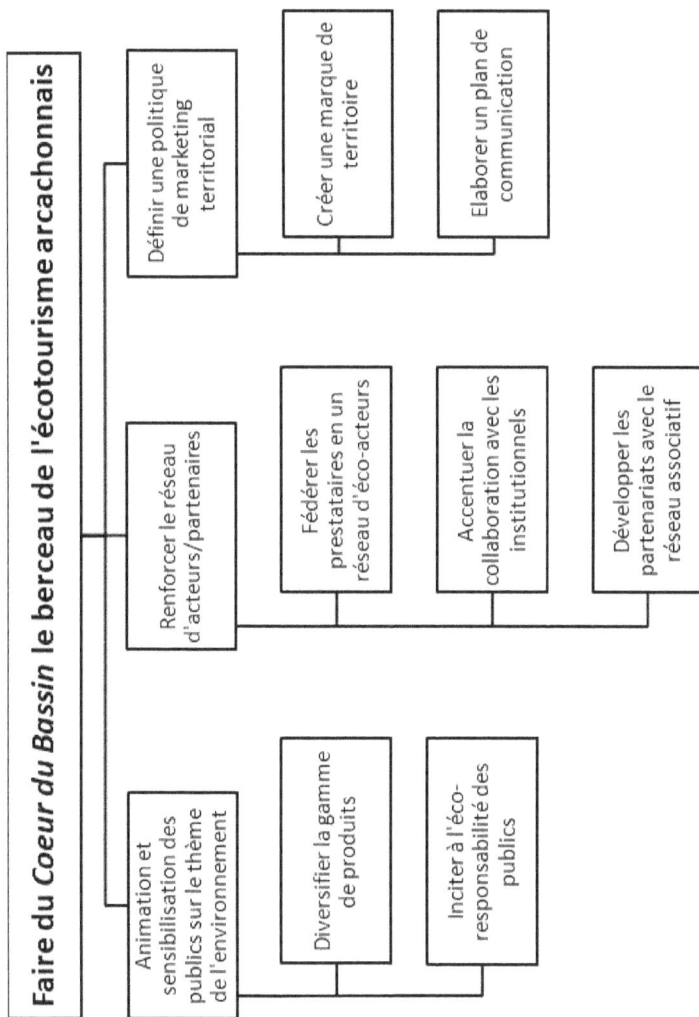

Faire du _Coeur du Bassin_ le berceau de l'écotourisme arcachonnais

- Animation et sensibilisation des publics sur le thème de l'environnement
  - Diversifier la gamme de produits
  - Inciter à l'éco-responsabilité des publics

- Renforcer le réseau d'acteurs/partenaires
  - Fédérer les prestataires en un réseau d'éco-acteurs
  - Accentuer la collaboration avec les institutionnels
  - Développer les partenariats avec le réseau associatif

- Définir une politique de marketing territorial
  - Créer une marque de territoire
  - Elaborer un plan de communication

Figure 10 : Schéma récapitulatif de la stratégie

I. Axe I : Animation et sensibilisation des publics sur le thème de l'environnement

---

Le diagnostic a révélé :

- **Un territoire à dominante forestière et naturelle :** importance du massif de pins maritimes et des espaces protégés à la biodiversité affirmée.

- **Un potentiel écotouristique à exploiter :** un réseau pédestre et cycliste développé aux abords d'espaces à découvrir en itinérance et en autonomie.

- **Une offre de loisirs concentrée sur le littoral** au détriment d'une gamme de produits déclinés sur le rétro-littoral.

- **Des taux de fréquentation les plus faibles** par rapport aux 7 autres communes du SIBA et **une saisonnalité très marquée.**

- **Une opportunité de développement** : projet d'ouverture d'une antenne de l'OTI dans le cadre du projet du CG33 de pôle environnement au domaine de Certes-Graveyron.

Le diagnostic fait ressortir la nécessité de requalifier l'offre de produits et services de l'OTI autour des valeurs de l'écotourisme pour ancrer son positionnement nature pérenne. Il s'agit finalement d'affirmer l'engagement du *Cœur du Bassin* dans une démarche de tourisme durable à travers l'adaptation de la gamme d'animations aux aménités territoriales et au fait touristique local.

A. Objectif 1 : Diversifier la gamme de produits organisés et encadrés par l'OTI autour de la valorisation et de la préservation des patrimoines identitaires locaux.

Cet objectif vise à la diversification du panel de produits proposés par l'office de tourisme par la mise en valeur des patrimoines naturel/forestier, maritime/ostréicole, architectural/historique, tout en respectant les piliers de l'écotourisme : protection et sensibilisation de la nature. Cette offre ainsi requalifiée peut se décliner sur les ailes de saison pour pallier aux faibles taux de fréquentation et à une saisonnalité marquée.

B. Objectif 2 : Inciter à l'éco-responsabilité des publics que sont le personnel de l'OTI, les prestataires et les visiteurs accueillis.

Cet objectif consiste à assurer la mission de sensibilisation et d'éducation des différents publics, que sont le personnel des trois antennes de l'office de tourisme, les prestataires touristiques du territoire ainsi que les visiteurs accueillis, aux actions et projets de développement durable entrepris à l'échelle de l'intercommunalité Audenge, Biganos, Lanton.

II. Axe II : Renforcer le réseau d'acteurs/partenaires pour une adhésion maximale aux principes de la démarche écotouristique.

Le diagnostic a révélé :

- **Une intercommunalité intégrée à de nombreux territoire de projets** dont les fédérateurs travaillent en partenariat avec le *Cœur du Bassin* sur le volet tourisme de leur politique de développement territorial.

- **Un réseau d'acteurs qui travaillent en collaboration à la définition d'une politique écotouristique commune :** le Pays BarVal tend à adopter un Agenda 21 de Pays tandis que le PNRLG révise sa charte et projette d'intégrer Lanton à son périmètre d'intervention. Mais **absence d'ateliers dédiés à l'écotourisme**, organisés par les acteurs partenaires.

- **Une démarche environnementale engagée par tous les prestataires du territoire :** adoption d'écopratiques au quotidien et tenue d'un discours en faveur du respect de l'environnement.

- **Une base commune d'écogestes mais des lacunes sur les engagements durables** ainsi qu'un manque d'informations sur les dispositifs de développement durable.

Le diagnostic fait apparaître des opportunités de renforcement du réseau d'acteurs, qui aujourd'hui coopèrent peu avec l'OTI ; ainsi qu'une adhésion tant des institutionnels que des hébergeurs et des prestataires de loisirs à la démarche environnementale. L'enjeu de ce deuxième axe est donc de développer l'engagement des acteurs à la planification d'une activité touristique fondée sur les valeurs de l'écotourisme, pour *in fine* créer un sentiment d'appartenance à une entité territoriale au développement durable.

A. Objectif 1 : Fédérer les prestataires (hébergeurs et de loisirs) du territoire *Cœur du Bassin* en un réseau d'éco-acteurs respectant les valeurs de l'écotourisme.

Cet objectif consiste à encadrer la démarche environnementale entreprise à l'échelle des trois communes du *Coeur du Bassin* à travers la réalisation de l'audit écologique des équipements hôteliers et de loisirs. L'intérêt est d'assurer le suivi de cet engagement afin de pallier au manque d'informations et aux lacunes de développement durable des installations.

B. Objectif 2 : Accentuer la collaboration avec les institutionnels dont le territoire de projet intègre le *Cœur du Bassin*.

Ce second objectif vise à pallier la faible coopération des acteurs institutionnels intégrant le territoire *Cœur du Bassin*, avec l'OTI par le renforcement du rôle de ce dernier en tant que fédérateur de la démarche écotouristique entreprise sur les différentes échelles de projet. L'enjeu est finalement de positionner l'office comme structure de référence en matière d'aide au montage de projets à vocation environnementale.

C. Objectif 3 : Développer les partenariats avec le réseau associatif local

Ce troisième objectif consiste en l'intégration des associations des trois communes, œuvrant en faveur de l'environnement, au développement écotouristique du *Cœur du Bassin* pour une appropriation de la démarche environnementale par la population locale ; afin qu'elle devienne ambassadrice de leur territoire au positionnement nouveau.

III. **Axe 3 : Définir une politique de marketing territorial pour identifier le territoire comme destination écotouristique.**

Le diagnostic a révélé :

- **Le *Cœur du Bassin* est perçu comme territoire isolé et peu dynamique** par les clientèles de proximité : il est par ailleurs aussi appelé fond du bassin.

- **La démultiplication des destinations/produits écotouristiques rendent l'offre illisible :** le marché de l'écotourisme est en pleine croissance mais est encore mal identifié.

- **La faible communication de l'OTI sur son engagement écotouristique** et le manque d'informations sur les dispositifs du développement durable.

- **L'augmentation des internautes sur le site Internet de l'OTI :** la fréquentation a été multipliée par 2,5 entre 2009 et 2010.

Le diagnostic reflète les lacunes du territoire *Cœur du Bassin* en matière de communication de son offre écotouristique, dans un contexte où l'écotourisme est encore mal identifié tandis que les produits en lien avec la nature se démultiplient. De plus, le territoire intercommunal souffre d'une image dégradée car perçu par les clientèles de proximité, comme isolé et peu dynamique. Néanmoins, la fréquentation du site internet est en pleine expansion, reflet de la tendance actuelle de préparation des séjours en ligne. Ces éléments soulignent l'importance de mettre en place une véritable stratégie de promotion du territoire à travers la création d'outils de communication efficaces à l'identification de ses attributs et à la reconnaissance de ses valeurs.

A. Objectif 1 : Faire évoluer l'appellation de l'OTI en une marque de territoire *Cœur du Bassin*, reflet de ses valeurs patrimoniales et de son offre touristique.

Ce premier objectif doit permettre d'identifier le *Cœur du Bassin*, de le reconnaître pour ses attributs et de lui offrir une image renouvelée dynamique. Il s'agit de mettre en avant la capacité du territoire à se distinguer, à être repéré et à attirer. La marque de territoire est destinée à être partagée par tous ceux qui se réfèrent au territoire de projets pour se faire connaître et promouvoir leurs intérêts. L'appropriation de la marque par ses utilisateurs permet de renforcer le sentiment d'appartenance et la fédération des acteurs autour des valeurs véhiculées par celle-ci.

B. Objectif 2 : Elaborer un plan de communication promouvant le positionnement écotouristique du territoire

Ce second objectif vise à persévérer dans la création de supports de communication adaptés au fait touristique local : augmentation des fréquentations sur le site Internet de l'OTI, faible promotion de l'offre écotouristique et manque d'informations des prestataires du territoire sur les dispositifs de développement durable. Aussi les outils créés doivent mettre en avant la politique touristique locale afin d'informer et de susciter l'intérêt.

Maintenant la stratégie présentée, il convient de détailler l'ensemble des actions proposées afin de répondre aux objectifs énoncés au sein des axes de développement. Le plan d'actions suivant est décliné en une dizaine de fiches, chacune approfondissant l'action à entreprendre. Le plan d'actions est finalement budgété et planifié afin de rendre compte de son coût et de son échéancier de mise en œuvre.

PLAN D'ACTIONS

❖ **Introduction au plan d'actions**

Le plan d'actions suivant a été élaboré sur la base du recrutement d'un chargé de mission en charge de la politique écotouristique, palliant de fait l'absence de personnel dédié à l'écotourisme au sein de l'équipe de l'OTI *Cœur du Bassin* (Cf. Partie II.IV.). Ce chargé de mission, dont le recrutement est prévu pour janvier 2012, prendra ainsi en charge l'ensemble des actions proposées ci-après.

Préalablement, à la déclinaison du plan d'actions, une fiche de poste du futur chargé de mission a été rédigée afin d'identifier son rôle et ses missions. Suivent les calculs de son temps de travail et de son coût à l'employeur.

Enfin, un schéma récapitulatif des actions intégrées à la stratégie globale résume la proposition de définition d'une politique écotouristique intercommunale, appliquée au territoire *Cœur du Bassin*. Les dix fiches actions sont ensuite déclinées ainsi qu'un planning rétroactif et un budget quant à leur réalisation annuelle et financière.

FICHE DE POSTE

PRÉSENTATION DU POSTE

Intitulé du poste : Chargé de mission écotourisme

Organisme : Office de Tourisme Intercommunal *Cœur du Bassin*

Lieu de travail : Territoire intercommunal Biganos-Audenge-Lanton

Date de création du poste : 1er janvier 2012

IDENTIFICATION DU TITULAIRE

Nom, Prénom :

Qualification et échelon : Agent de maîtrise, échelon 2.2

Ancienneté dans le poste :

FINALITE DU POSTE

Responsabilité générale du poste : Animation et Gestion de la politique de développement écotouristique du territoire intercommunal

Degré de responsabilité : Niveau 2 *
* : autonomie d'action et/ou de gestion d'une mission ou d'un projet

CONTEXTE D'EXERCICE DU POSTE

Compétences requises :	Connaissances requises :
- Montage et Gestion de projet - Animation et Structuration d'un réseau d'acteurs (institutionnels, socioprofessionnels) - Marketing territorial	- Développement touristique - Aménagement du territoire - Développement durable (environnement) - Fonctionnement des collectivités territoriales

Missions :	Degré d'autonomie :

- *Animation et Sensibilisation des publics :*
  - Diversifier la gamme de produits
  - Inciter à l'éco-responsabilité
- *Renforcement du réseau*
	Niveau 2**

d'acteurs :
- Fédérer les acteurs en réseau
- Développer les partenariats/ collaborations
- *Définition d'une politique de marketing territorial :*
  - Créer une marque de territoire
  - Définir un plan de communication
	** : *autonomie d'action et/ou gestion d'une mission ou d'un projet*

CALCULS coût du chargé de mission

Le salaire de base d'un poste de chargé de mission, agissant en qualité d'agent de maîtrise, d'échelon 2 .2, se calcule à partir de l'indice en valeur de point équivalent à 1 690 multiplié par la valeur du point, enregistré au 1er Juillet 2009 à 1,104 € brut[1]. Le salaire mensuel brut du chargé de mission équivaut donc à 1 690 points x 1,104 € = *1 865,76 € Brut.*

A ce salaire brut, il faut ajouter 50% de charges patronales pour obtenir le coût global mensuel d'un tel poste de chargé de mission, soit 1 865,76 € x 1,5 = *2 798,64 € TTC.*

Pour obtenir, le coût annuel du poste de chargé de mission, il faut multiplier le coût mensuel TTC par 12 mois, soit 2 798,64 € TTC x 12 mois = *33 583,68 € TTC.*

Ce chiffre peut être rapporté à la journée, pour déterminer combien coûte quotidiennement un chargé de mission à l'employeur. Pour cela, il faut calculer le nombre de jours travaillés par an, en déduisant des 52 semaines annuelles équivalent à 260 jours (52 semaines x 5 jours effectifs de travail), les 5 semaines de congés payés soit 25 jours travaillés (5 semaines x 5 jours effectifs de travail) ainsi que les 11 jours fériés annuels[2]. Ainsi 260 – 25 – 11 = *224 jours travaillés annuellement.*

---

[1] D'après la Convention Collective Nationale des Organismes de Tourisme, brochure n°3175, IDCC 1909, mise à jour en février 2009
[2] Jour de l'an, Lundi de Pâques, Fête du Travail, Armistice du 8 mai 1945, Ascension, Pentecôte, Fête Nationale, Assomption, Toussaint, Armistice du 11 novembre 1918, Noël.

Maintenant le salaire TTC annuel et le nombre de jours travaillés connus, il est possible de calculer le coût journalier du chargé de mission : 33 583, 68 € TTC / 224 jours = *149,92 € TTC*. En divisant ce dernier chiffre par les 7 heures de travail quotidiennes, le coût horaire d'un chargé de mission est obtenu : 149,92 € TTC / 7 H = *21,41 € TTC*.

❖ **En résumé :**

Salaire brut du chargé de mission	**1 865,76 €**
Coût mensuel d'un chargé de mission *(à l'employeur, charges patronales inclues)*	**2 798,64 €**
Coût annuel d'un chargé de mission *(à l'employeur, charges patronales inclues)*	**33 583, 68 €**
Coût journalier d'un chargé de mission *(à l'employeur, charges patronales inclues)*	**149,92 €**
Coût horaire d'un chargé de mission *(à l'employeur, charges patronales inclues)*	**21,41 €**

Ce poste de chargé de mission écotourisme est prévu en temps plein soit 35 heures hebdomadaires ; mais les missions de travail sont elles scindées en deux volets, chacun s'exerçant à mi-temps. En effet le chargé de mission occupe une fonction d'accueil des clientèles touristiques tout en s'occupant de la politique écotouristique, pour laquelle il a été missionné. Son temps de travail annuel est donc réparti de la sorte : 224 jours travaillés x 7 heures quotidiennes = *1 568 H annuelles*. Ce chiffre est à diviser en 2 pour obtenir le temps de travail accordé à chacun des deux volets du poste : 1 568 heures annuelles / 2 volets = *784 heures par volet de travail.*

Il est également à noter, la concentration du volet écotourisme sur les mois d'avant et après saison touristique, de janvier à avril et d'octobre à décembre, afin de consacrer les mois de mai à septembre au volet accueil des touristes.

Ainsi se répartit le temps de travail du chargé de mission, par action, à compter de son recrutement en janvier 2012 et ce pour les trois prochaines années jusqu'en 2014, année des élections municipales :

	2012 Heures	%	2013 Heures	%	2014 Heures	%	TOTAL
Action 1 : Guide des écopratiques	170	22	94	12	30	4	294
Action 2 : Animations d'ateliers sur le DD	210	27	220	28	139	18	569
Action 3 : Définir le code de la marque	70	9	0	0	0	0	70
Action 4 : créer un site internet dédié	200	26	200	26	140	18	540
Action 5 : Partenariats avec les associations	0	0	100	13	0	0	100
Action 6 : Créer de nouvelles formules de produits	49	6	85	11	50	6	184
Action 7 : Veille concurrentielle	85	11	85	11	85	11	255
Action 8 : Produits souvenirs écologiques	0	0	0	0	0	0	0
Action 9 : Installer des points informations	0	0	0	0	115	15	115
Action 10 : signalétique d'interprétation	0	0	0	0	225	29	225
TOTAUX	784	100	784	100	784	100	2352

Tableau 12 : Répartition des heures du chargé de mission par action

Maintenant, les conditions du recrutement du chargé de mission présentées, le plan d'actions peut-être décliné avec au-préalable un schéma récapitulant la stratégie globale proposée.

Figure 11 : Le plan d'actions intégré à la stratégie

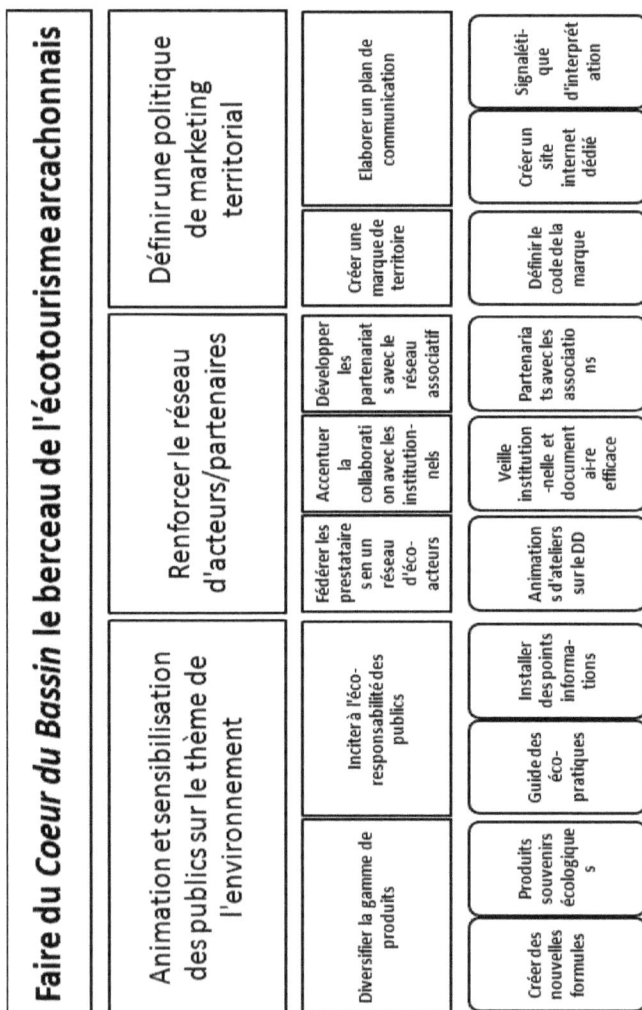

Faire du *Coeur du Bassin* le berceau de l'écotourisme arcachonnais

- Animation et sensibilisation des publics sur le thème de l'environnement
  - Diversifier la gamme de produits
    - Créer des nouvelles formules
    - Produits souvenirs écologiques
  - Inciter à l'éco-responsabilité des publics
    - Guide des éco-pratiques
    - Installer des points informations
- Renforcer le réseau d'acteurs/partenaires
  - Fédérer les prestataires en un réseau d'éco-acteurs
    - Animations d'ateliers sur DD
  - Accentuer la collaboration avec les institutionnels
    - Veille institution-nelle et documentai-re efficace
  - Développer les partenariats avec le réseau associatif
    - Partenariats avec les associations
- Définir une politique de marketing territorial
  - Créer une marque de territoire
    - Définir le code de la marque
  - Elaborer un plan de communication
    - Créer un site internet dédié
    - Signaléti-que d'interprét ation

<table>
<tr><td colspan="3">ACTION 1 :
Rédiger un guide des écopratiques

Axe I : Animation et Sensibilisation des publics
Objectif 2 : Inciter à l'éco-responsabilité</td></tr>
</table>

Pourquoi ?

Constat :
L'OTI *Cœur du Bassin* communique faiblement sur son engagement écotouristique et les prestataires du territoire (hébergeurs, de loisirs) signalent le besoin d'informations sur les dispositifs du développement durable.

Qu'est-ce ? *(en quoi consiste l'action ?)*

Descriptif :
Rédiger un guide des écopratiques à destination des prestataires du territoire afin de les inciter à adhérer à la démarche environnementale. Ce support, accompagné de la création d'un site internet dédié à l'écotourisme (Cf. Action 4), constituent les outils de référence en matière d'information et de promotion de la politique écotouristique locale.

Qui ?

MOA :
OTI

MOE :
OTI, agence de communication

Comment/Combien ? *(avec quelles ressources ?)*

<table>
<tr><td rowspan="10">MOYENS :</td><td>Humains</td><td colspan="3">Chargé de mission, Personnel de l'agence de communication</td></tr>
<tr><td>Techniques</td><td colspan="3">Fournitures de bureaux</td></tr>
<tr><td rowspan="8">Financiers</td><td colspan="3">Salaire du chargé de mission (au prorata temporis) :</td></tr>
<tr><td colspan="2">Heures : 294 H</td><td>Coût : 6 294,54 €</td></tr>
<tr><td>2012 : 170 h
2013 : 94 h
2014 : 30 h</td><td>Coût horaire
TTC : 21,41 €</td><td>2012 : 3 639,70 €
2013 : 2 012,54 €
2014 : 642,3 €</td></tr>
<tr><td colspan="3">Coût de l'agence de communication[1] :</td></tr>
<tr><td colspan="2">Fréquence : annuelle</td><td>Coût : 5 884,32 €</td></tr>
<tr><td>2012 : 1
2013 : 1</td><td>Coût annuel
TTC :</td><td>2012 : 1 961, 44 €</td></tr>
</table>

---

[1] Sur la base du devis de l'agence de communication SEPPA, en annexe II

		2014 : 1	1 961,44 €	2013 : 1 961, 44 €
				2014 : 1 961, 44 €
		Coût global de l'action :		**12 178, 86 € TTC**

Quel phasage d'action ?

Etapes de réalisation :
- Elaboration d'un cahier des charges
- Documentation et veille sur sa réalisation
- Rédaction du contenu
- Travail en lien avec l'agence de communication pour la réalisation de la maquette
- Présentation aux élus et validation
- Impression et mise en ligne sur le site internet dédié
- Distribution aux prestataires

Quand ? *(dans quel délai ?)*

Calendrier prévisionnel :
Février-Mars 2012 / Janvier 2013 / Janvier 2014

ACTION 2 :
Animer des ateliers de formations sur le développement durable

Axe II : Renforcement du réseau d'acteurs/partenaires
Objectif 1 : Fédérer les prestataires en un réseau d'éco-acteurs

Pourquoi ?

Constat :

A l'échelle des territoires de projet qu'intègrent le *Cœur du Bassin*, les acteurs fédérateurs régissant leur fonctionnement, organisent peu d'ateliers dédiés à l'écotourisme malgré une politique touristique tournée vers ses valeurs. De plus, l'OTI, ayant engagé une démarche environnementale et y ayant intégré les prestataires touristiques locaux, est aujourd'hui confronté au besoin de ces derniers en matière d'informations sur les dispositifs du développement durable.

Qu'est-ce ? *(en quoi consiste l'action ?)*

Descriptif :

Mettre en place des ateliers de formations sur les dispositifs du développement durable, à destination des prestataires du territoire *Cœur du Bassin* souhaitant s'engager dans la démarche environnementale entreprise par l'OTI. Ils prennent la forme de groupes de discussion, animés par un formateur/animateur ; le chargé de mission quant à lui occupe le rôle de rapporteur. Ces ateliers ont pour objectif la co-rédaction d'une charte d'engagement aux principes du développement durable, et la réflexion sur la création d'outils d'incitation à des pratiques écologiques, dédiés au grand public. Il s'agit finalement de créer un échange et du lien entre les prestataires afin de constituer un réseau d'ambassadeurs de l'écotourisme.

Qui ?

MOA :
OTI

MOE :
OTI, Agence de conseil en marketing&communication

Comment/Combien ? *(avec quelles ressources ?)*

MOYENS :		
	Humains	Chargé de mission et formateur de l'agence de conseil
	Techniques	Fournitures de bureaux, Mise à disposition d'une salle de réunion et du matériel nécessaire à son animation.
	Financiers	Salaire du chargé de mission *(au prorata temporis)* :

Heures : 569 H		Coût : 12 182,29 €
2012 : 210 h	Coût horaire	2012 : 4 496, 1€
2013 : 220 h	TTC : 21,41 €	2013 : 4 710,2 €
2014 : 139 h		2014 : 2 975, 99€

Coût des ateliers de formations[1] :		
Fréquence : semestrielle		Coût : 6 458, 4 €
2012 : 2	Coût semestriel	2012 : 2 152, 8 €
2013 : 2	TTC :	2013 : 2 152, 8 €
2014 : 2	1 076,40 €	2014 : 2 152, 8 €
Coût global de l'action :		18 640, 69 € TTC

Quel phasage d'action ?

Etapes de réalisation :
- Information des prestataires et invitation à la première réunion
- Présentation du guide des écopratiques et des objectifs des ateliers de formation
- Recensement des prestataires intéressés pour intégrer un réseau d'éco-acteurs
- Animation des réunions : rédaction de la charte d'engagement et réflexion à la création d'outils communs à mettre en place.

Quand ? *(dans quel délai ?)*

Calendrier prévisionnel :
2 réunions annuelles, chaque année à partir de mars 2012

---

[1] Sur la base du devis de l'agence de conseil en marketing et communication Emotio Tourisme, en annexe III

<table>
<tr><td colspan="2" align="center">**ACTION 3 :**
Définir le code de la marque</td></tr>
<tr><td colspan="2" align="center">*Axe III : Définition d'une politique de marketing territorial*
Objectif 1 : Créer une marque de territoire</td></tr>
</table>

Pourquoi ?

Constat :

A l'heure actuelle, l'OTI *Cœur du Bassin* fonde la promotion de son offre essentiellement à travers son site Internet et sa brochure, qui disposent d'une charte graphique commune ainsi que d'un logo. Or la communication sur l'engagement écotouristique est très faible malgré une démarche pourtant initiée depuis 2009. De plus, le territoire intercommunal souffre d'une image dégradée car perçu par les clientèles de proximité, comme isolé et peu dynamique.

Qu'est-ce ? *(en quoi consiste l'action ?)*

Descriptif :

Définir le code de la marque signifie adopter un logo, une mascotte, une charte graphique, un vocabulaire commun, un slogan, une phrase d'accroche,…, correspondant à l'identité du *Cœur du Bassin*. Une fois défini, le code est utilisé sur chacun des supports de communication de l'OTI afin d'identifier le territoire pour ses attributs et lui offrir une image renouvelée dynamique.

Qui ?

MOA :   **MOE :**
OTI   OTI, Agence de communication

Comment/Combien ? *(avec quelles ressources ?)*

<table>
<tr><td rowspan="8">MOYENS :</td><td>Humains</td><td colspan="3">Chargé de mission, Personnel de l'agence de communication</td></tr>
<tr><td>Techniques</td><td colspan="3">Fournitures de bureaux</td></tr>
<tr><td rowspan="6">Financiers</td><td colspan="3">Salaire du chargé de mission (au prorata temporis) :</td></tr>
<tr><td colspan="2">Heures : 70 H</td><td>Coût : 1 498,7 €</td></tr>
<tr><td>2012 : 70 h</td><td>Coût horaire
TTC : 21,41 €</td><td>2012 : 1 498, 7
€</td></tr>
<tr><td colspan="3">Coût de l'agence de communication[1] :</td></tr>
<tr><td colspan="2">Fréquence : ponctuelle</td><td>Coût : 2 500 €</td></tr>
<tr><td>2012 : 1</td><td>Coût TTC :</td><td>2012 : 2 500 €</td></tr>
</table>

---

[1] Sur la base d'un devis consulté lors de la mission de stage à l'OTI *Cœur du Bassin*.

			2 500 €	
		Coût global de l'action :		**3 998, 7 € TTC**

Etapes de réalisation :
- Elaboration d'un cahier des charges
- Réception des maquettes
- Choix du code la marque
- Présentation aux élus pour validation finale
- Adoption du code dans les supports de communication

Calendrier prévisionnel :
Octobre-Novembre 2012

ACTION 4 :
Créer un site Internet dédié

Axe III : Définition d'une politique de marketing territorial
Objectif 2 : Elaborer un plan de communication

Pourquoi ?

Constat :

A l'heure actuelle, l'OTI *Cœur du Bassin* fonde la promotion de son offre essentiellement à travers son site Internet, dont la fréquentation est en pleine expansion, et sa brochure ; supports à travers lesquels la communication sur l'engagement écotouristique est très faible. De plus, le territoire intercommunal souffre d'une image dégradée car perçu par les clientèles de proximité, comme isolé et peu dynamique.

Qu'est-ce ? *(en quoi consiste l'action ?)*

Descriptif :

Créer un site Internet dédié à l'écotourisme, rattaché au site web de l'OTI, où l'offre écotouristique locale est mise en valeur. Ce site présente également un onglet d'identification professionnel où les prestataires/partenaires, à l'aide d'identifiants, peuvent accéder afin d'obtenir des informations en lien avec la démarche environnementale : compte-rendu de réunions/ateliers, programme des prochains groupes de travail, documents et renseignements divers (Cf. Action 7)… L'accès au volet professionnel s'inscrit comme option d'un des packs commerciaux mis en place par l'OTI (Bienvenue, Essentiel, Privilège), incitant le prestataire a opté pour la formule la plus complète.

Qui ?

MOA :
OTI

MOE :
OTI

Comment/Combien ? *(avec quelles ressources ?)*

<table>
<tr><td rowspan="7">MOYENS :</td><td>*Humains*</td><td colspan="3">Chargé de mission, Webmaster de l'OTI</td></tr>
<tr><td>*Techniques*</td><td colspan="3">Fournitures de bureaux, Hébergement du site Internet</td></tr>
<tr><td rowspan="5">*Financiers*</td><td colspan="3">Salaire du chargé de mission *(au prorata temporis)* :</td></tr>
<tr><td colspan="2">*Heures : 540 H*</td><td>*Coût : 11 561, 4 €*</td></tr>
<tr><td>*2012 : 200 h*</td><td rowspan="3">*Coût horaire TTC : 21,41 €*</td><td>*2012 : 4 282 €*</td></tr>
<tr><td>*2013 : 200 h*</td><td>*2013 : 4 282 €*</td></tr>
<tr><td>*2014 : 140 h*</td><td>*2014 : 2 997,4 €*</td></tr>
<tr><td colspan="4">**Salaire du webmaster** *(au prorata temporis)* :</td></tr>
</table>

Heures : 70 H		Coût : 1 190 €
2012 : 70h	Coût horaire TTC : 17 €	2012 : 1 190 €
Coût de l'hébergement du site Internet[1] :		
Fréquence : annuelle		**Coût : 600 €**
2012 : 1 2013 : 1 2014 : 1	Coût TTC : 200 €	2012 : 200 € 2013 : 200 € 2014 : 200 €
Coût global de l'action :		**13 351, 4 € TTC**

Quel phasage d'action ?

Etapes de réalisation :
- Elaboration d'un cahier des charges
- Travail en collaboration avec le webmaster pour la création du design du site
- Rédaction du contenu
- Présentation aux élus pour validation finale
- Mise en ligne du site dédié

Quand ? *(dans quel délai ?)*

Calendrier prévisionnel :
Novembre – Décembre 2012 / Janvier 2013 / Janvier 2014

---

[1] Sur la base de l'hébergement du site actuel de l'OTI, chiffre communiqué lors de la mission de stage.

ACTION 5 :
Solliciter les associations de développement local

Axe II : Renforcement du réseau d'acteurs/partenaires
Objectif 3 : Développer les partenariats avec le réseau associatif local

Pourquoi ?
Constat :
Le *Cœur du Bassin* bénéficie de la présence de plus de 250 associations sur son territoire (Audenge, Biganos, Lanton) dont une dizaine œuvrant pour la préservation de l'environnement. Cet état des lieux du réseau associatif constitue une opportunité pour l'OTI, de renforcement de son réseau de partenaires et un appui à la mise en valeur du patrimoine.

Qu'est-ce ? *(en quoi consiste l'action ?)*
Descriptif :
Solliciter les associations de développement local œuvrant pour la préservation de l'environnement, afin de les impliquer dans la démarche entreprise par l'OTI. Leur intégration permettrait au territoire d'asseoir de façon pérenne son positionnement nature par le renforcement de son réseau d'ambassadeurs ; et d'assurer durablement sa mission de préservation de l'environnement grâce aux conseils experts des associations partenaires.

Qui ?
MOA :	**MOE :**
OTI	Associations locales

Comment/Combien ? *(avec quelles ressources ?)*

<table>
<tr><td rowspan="6">MOYENS :</td><td>Humains</td><td colspan="3">Chargé de mission</td></tr>
<tr><td>Techniques</td><td colspan="3">---</td></tr>
<tr><td rowspan="4">Financiers</td><td colspan="3">Salaire du chargé de mission (au prorata temporis) :</td></tr>
<tr><td colspan="2">Heures : 100 H</td><td>Coût : 2 141 €</td></tr>
<tr><td>2013 : 100 h</td><td>Coût horaire TTC : 21,41 €</td><td>2013 : 2 141 €</td></tr>
<tr><td colspan="2">Coût global de l'action :</td><td>2 141 € TTC</td></tr>
</table>

Quel phasage d'action ?
Etapes de réalisation :
- Démarcher les associations
- Présentation de la démarche environnementale
- Intégration au réseau d'éco-acteurs par leur participation/intervention aux ateliers sur le développement durable

- Réflexion sur de nouvelles formules de produits d'animation à des fins de sensibilisation

Quand ? *(dans quel délai ?)*

Calendrier prévisionnel :
Février - Mars 2013

ACTION 6 :
Créer de nouvelles formules de produits

Axe I : Animation et Sensibilisation des publics
Objectif 1 : Diversifier la gamme d'animations

Pourquoi ?

Constat :

Les animations proposées par l'OTI se déclinent autour de la nature, de la culture/tradition, de l'eau et de l'enfant et se concentrent pour l'essentiel sur le littoral au détriment des espaces rétro-littoraux.

Qu'est-ce ? *(en quoi consiste l'action ?)*

Descriptif :

Les animations et produits mis en place devraient combiner plusieurs activités de découverte des patrimoines identitaires et intégrer la tenue d'un discours en faveur de l'environnement. L'enjeu est d'enrichir l'offre en proposant des formules en accord avec l'identité du territoire et son positionnement écotouristique ; tout en assurant la mission d'éducation/sensibilisation des publics au respect de la nature, fondement de cette politique de développement.

Qui ?

MOA :
OTI

MOE :
Prestataires de loisirs, OTI

Comment/Combien ? *(avec quelles ressources ?)*

<table>
<tr><td rowspan="7">MOYENS :</td><td>Humains</td><td colspan="3">Chargé de mission</td></tr>
<tr><td>Techniques</td><td colspan="3">Fournitures de bureaux</td></tr>
<tr><td rowspan="5">Financiers</td><td colspan="3">Salaire du chargé de mission (au prorata temporis) :</td></tr>
<tr><td colspan="2">Heures : 184 H</td><td>Coût : 3 939, 44 €</td></tr>
<tr><td>2012 : 49 h
2013 : 50 h
2014 : 85 h</td><td>Coût horaire
TTC : 21,41 €</td><td>2012 : 1 049,09 €
2013 : 1 070,5 €
2014 : 1 819, 85 €</td></tr>
<tr><td colspan="2">Coût global de l'action :</td><td>3 939, 44 € TTC</td></tr>
</table>

Quel phasage d'action ?

Etapes de réalisation :

- Evaluation des besoins
- Rédaction d'un cahier des charges

- Réunion de concertation avec les prestataires de loisirs
- Proposition de formules
- Présentation aux élus et validation finale
- Intégration des formules dans les supports de communication de l'OTI
- Promotion des formules créées par un éducTour à destination du personnel de l'OTI et de la presse

Quand ? *(dans quel délai ?)*

Calendrier prévisionnel :
De Janvier à Mars, chaque année à partir de 2012

ACTION 7 :
Instituer une veille institutionnelle et documentaire efficace

Axe II : Renforcement du réseau d'acteurs/partenaires
Objectif 2 : Accentuer la collaboration avec les institutionnels

Pourquoi ?

Constat :
A l'échelle des territoires de projet qu'intègrent le *Cœur du Bassin*, les acteurs fédérateurs régissant leur fonctionnement, n'organisent que peu de réunions dédiés à l'écotourisme malgré une politique touristique tournée vers ses valeurs. De plus, les trois communes de Biganos, Audenge, Lanton, composant le territoire *Cœur du Bassin*, ne disposent pas de véritable politique environnementale forte. Ces lacunes constituent des freins au positionnement écotouristique pérenne du territoire et justifient le besoin d'instituer une veille institutionnelle efficace.

Qu'est-ce ? *(en quoi consiste l'action ?)*

Descriptif :
Mettre en place une veille institutionnelle efficace dédiée aux enjeux de l'écotourisme pour les territoires de projets pour pallier au manque de réunions et constituer une véritable base de données documentaire sur le sujet. L'enjeu est de constituer un véritable fond d'informations à disposition des acteurs partenaires de l'OTI, disponible sur le site internet dédié (Cf. Action 4). Il s'agit de pouvoir consulter des documents permettant aux acteurs d'œuvrer communément à la planification d'une activité touristique durable. Cette veille institutionnelle se traduit par la présence du chargé de mission aux réunions organisées par les acteurs institutionnels locaux et par des recherches documentaires complémentaires. Cela devrait finalement permettre de renforcer le positionnement de l'OTI en tant que structure de référence en matière d'écotourisme à l'échelle des territoires de projets partenaires.

Qui ?

MOA :
OTI

MOE :
OTI

Comment/Combien ? *(avec quelles ressources ?)*

MOYENS		
	Humains	**Chargé de mission**
	Techniques	**Fournitures de bureaux**
	Financiers	**Salaire du chargé de mission** *(au prorata temporis)* :
		Heures : 255 H *Coût : 5 459,55 €*

		2012 : 85 h	Coût horaire	2012 : 1819,85 €
		2013 : 85 h	TTC : 21,41 €	2013 : 1819,85 €
		2014 : 85 h		2014 : 1819,85 €
		Remboursement des frais de déplacement :		
		Fréquence : annuelle		***Coût : 1 500 €***
		2012 : 1	Coût annuel :	2012 : 500 €
		2013 : 1	500 €	2013 : 500 €
		2014 : 1		2014 : 500 €
		Coût global de l'action :		**6 959, 55 € TTC**

Quel phasage d'action ?

Etapes de réalisation :
- Tenir à jour un calendrier des réunions organisées par les acteurs locaux
- Répondre présent et assister à chacune des réunions
- Veille documentaire sur le thème de la réunion et sur les enjeux territoriaux de l'écotourisme
- Rédiger les comptes-rendus de réunions
- Mettre en ligne sur le site internet dédié, les comptes-rendus et les documents références

Quand ? *(dans quel délai ?)*

Calendrier prévisionnel :
1 réunion mensuelle de janvier à avril et d'octobre à décembre, chaque année.

<table>
<tr><td colspan="2" align="center">ACTION 8 :
Décliner une gamme de produits souvenirs écologiques

Axe I : Animation et Sensibilisation des publics
Objectif 1 : Diversifier la gamme de produits</td></tr>
</table>

Pourquoi ?

Constat :

Le panel de produits souvenirs mis en vente dans la partie boutique de chacune des antennes de l'OTI est constitué d'objets et bibelots aux thèmes maritimes, issus de fournisseurs nationaux à la marque de fabrication internationale (Cf. *Made in …*).

Qu'est-ce ? *(en quoi consiste l'action ?)*

Descriptif :

Décliner une gamme de souvenirs écologiques, estampillés de la marque de territoire (Cf. Action 3) afin de faire correspondre les aménités territoriales et les animations de l'OTI aux produits vendus en boutique. L'enjeu est d'ancrer durablement le positionnement écotourisme du territoire à travers un panel d'objets reflétant cette politique. Ils devraient être issus d'artisans locaux et permettre ainsi la valorisation de l'artisanat régional et du savoir-faire traditionnel.

Qui ?

MOA :	**MOE :**
OTI	Artisans locaux, prestataires privés régionaux

Comment/Combien ? *(avec quelles ressources ?)*

MOYENS :	*Humains*	Responsable de la boutique		
	Techniques	---		
	Financiers	**Salaire de la responsable de la boutique** *(au prorata temporis)* :		
		Heures : 20 H		***Coût : 380 €***
		2014 : 20 h	*Coût horaire TTC : 19 €*	*2014 : 380 €*
		Coût des commandes[1] :		
		Fréquence : annuelle		***Coût : 1 000 €***
		2014 : 1	*Coût annuel TTC : 1 000 €*	*2014 : 1000 €*

---

[1] Estimé par la direction de l'OTI *Cœur du Bassin*

		Coût global de l'action :	1 380 € TTC

Quel phasage d'action ?

Etapes de réalisation :
- Démarcher les artisans, prestataires de services
- Choix des produits en lien avec la politique écotouristique
- Commande et mise en place des produits en boutique

Quand ? *(dans quel délai ?)*

Calendrier prévisionnel :
Février 2014

ACTION 9 :
Installer des points informations sur le développement durable

Axe I : Animation et Sensibilisation des publics
Objectif 2 : Inciter à l'éco-responsabilité

Pourquoi ?
Constat :
L'OTI *Cœur du Bassin* communique faiblement sur son engagement écotouristique et les prestataires du territoire (hébergeurs, de loisirs) signalent le besoin d'informations sur les dispositifs du développement durable.

Qu'est-ce ? *(en quoi consiste l'action ?)*
Descriptif :
Mettre en place dans chacune des antennes de l'OTI un point informations dédié aux actions/projets de développement durable entrepris à l'échelle du territoire. Il prend la forme d'affichettes ludiques présentant les dispositifs régionaux et dispose d'un présentoir où le guide des écopratiques est mis à disposition. L'enjeu est d'assurer la mission de sensibilisation et d'éducation des publics à l'environnement, fondement de l'écotourisme.

Qui ?
MOA :	MOE :
OTI	OTI

Comment/Combien ? *(avec quelles ressources ?)*

MOYENS :	Humains	Chargé de mission		
	Techniques	Fournitures de bureaux		
	Financiers	Salaire du chargé de mission *(au prorata temporis)* :		
		Heures : 105 H		*Coût : 2 462, 15 €*
		2014 : 105 h	*Coût horaire TTC : 21,41 €*	*2014 : 2 462,15 €*
		Coût global de l'action :		**2 462, 15 € TTC**

Quel phasage d'action ?
Etapes de réalisation :
- Elaboration d'un cahier des charges
- Rédaction du contenu et définition de la charte graphique (maquette)
- Présentation aux élus et validation
- Impression des affichettes en interne

137

- Installation dans les antennes de l'OTI, en lien avec le responsable accueil

Calendrier prévisionnel :
Février-Mars 2014

ACTION 10 :
Mettre en place une signalétique d'interprétation du patrimoine

Axe III : Définition d'une politique de marketing territorial
Objectif 2 : Elaborer un plan de communication

Pourquoi ?

Constat :

A l'heure actuelle, l'OTI *Cœur du Bassin* fonde la promotion de son offre essentiellement à travers son site Internet, et sa brochure ; supports à travers lesquels la communication sur l'engagement écotouristique est très faible. De plus, le territoire intercommunal souffre d'une image dégradée car perçu par les clientèles de proximité, comme isolé et peu dynamique malgré la diversité des patrimoines identitaires à découvrir.

Qu'est-ce ? *(en quoi consiste l'action ?)*

Descriptif :

Mettre en place une signalétique d'interprétation du patrimoine sur les sites d'intérêts en y intégrant un volet écotourisme ; afin de valoriser les espaces naturels par une brève explication de ses caractéristiques, rédigées sur un présentoir. Celui-ci prend la forme d'un panneau de bois, dont le design intègre l'environnement, assurant de fait le lien entre la mise en tourisme du site et l'information touristique nécessaire à l'interprétation du lieu.

Qui ?

MOA :
OTI

MOE :
OTI, Agence de signalétique touristique

Comment/Combien ? *(avec quelles ressources ?)*

MOYENS :		
Humains	Chargé de mission, Agence de signalisation	
Techniques	Fournitures de bureaux,	
Financiers	Salaire du chargé de mission *(au prorata temporis)* :	
	Heures : 225 H	**Coût : 4 817, 25 €**
	2014 : 225 h	Coût horaire TTC : 21,41 €	2014 : 4 817,25 €
	Coût de l'agence de signalétique touristique[1] :	
	Fréquence : ponctuelle	**Coût : 3 513, 17 €**
	2014 : 1	Coût TTC :	2014 : 3 513,17€

---

[1] Sur la base d'un devis de l'agence de signalétique touristique ad-Production, en annexe IV

		3 513, 17	
		Coût global de l'action :	**8 330, 39 € TTC**

Etapes de réalisation :
- Choix des sites sur lesquels implantés les panneaux
- Rédaction du contenu des panneaux
- Commande des panneaux auprès de l'agence de signalétique touristique
- Présentation aux élus pour validation finale
- Réception des panneaux commandés
- Intégration et fixation des panneaux sur site

Calendrier prévisionnel :
Octobre à Décembre 2014

Tableau 13 : Rétro-planning des actions

Rétro-planning des actions

Année / Mois	2012 J	F	M	A	M	J	J	A	S	O	N	D	2013 J	F	M	A	M	J	J	A	S	O	N	D	2014 J	F	M	A	M	J	J	A	S	O	N	D
Action 1 : Guide des éco-pratiques		▓											▓																							
Action 2 : Animations d'ateliers sur le DD			▓																															▓		
Action 3 : Définir le code de la marque										▓																										
Actuon 4 : Créer un site internet dédié													▓																							
Action 5 : Partenariats avec les associations														▓																						
Action 6 : Créer de nouvelles formules		▓												▓																						
Action 7 : Veille institutionnelle	▓											▓																						▓	▓	▓
Action 8 : Produits souvenirs écologiques																												▓								
Action 9 : Installer des points informations																										▓										
Action 10 : Signalétique d'interprétation																																		▓	▓	▓

Tableau 14 : Budget global, réparti par actions et par années

Action	2012 Chargé Mission	2012 Autres Coûts	2012 Total Année	2013 Chargé Mission	2013 Autres Coûts	2013 Total Année	2014 Chargé Mission	2014 Autres Coûts	2014 Total Année	Total action
Action 1 : Guide des écopratiques	3 639,70	1 961,44	5 601,14	2 012,54	1 961,44	3 973,98	642,30	1 961,44	2 603,74	12 178,86
Action 2 : Animations d'ateliers sur le DD	4 496,10	2 152,80	6 648,90	4 710,20	2 152,80	6 863,00	2 975,99	2 152,80	5 128,79	18 640,69
Action 3 : Définir le code de la marque	1 498,70	2 500,00	3 998,70	0,00	0,00	0,00	0,00	0,00	0,00	3 998,70
Action 4 : Créer un site internet dédié	4 282,00	1 390,00	5 672,00	4 282,00	200,00	4 482,00	2 997,40	200,00	3 197,40	13 351,40
Action 5 : Partenariats avec les	0,00	0,00	0,00	2 141,00	0,00	2 141,00	0,00	0,00	0,00	2 141,00
Action 6 : Créer de nouvelles formules	1 049,09	0,00	1 049,09	1 819,85	0,00	1 819,85	1 070,50	0,00	1 070,50	3 939,44
Action 7 : Veille concurrentielle	1 819,85	500,00	2 319,85	1 819,85	500,00	2 319,85	1 819,85	500,00	2 319,85	6 959,55
Action 8 : Produits souvenirs	0,00	0,00	0,00	0,00	0,00	0,00	0,00	1 380,00	1 380,00	1 380,00
Action 9 : points informations	0,00	0,00	0,00	0,00	0,00	0,00	2 462,15	0,00	2 462,15	2 462,15
Action 10 : Signalétique	0,00	0,00	0,00	0,00	0,00	0,00	4 817,25	3 513,17	8 330,42	8 330,42
Fournitures de bureaux :	0,00	0,00	1 000,00	0,00	0,00	1 000,00	0,00	0,00	1 000,00	3 000,00
TOTAUX	16 785,44	8 504,24	26 289,68	16 785,44	4 814,24	22 599,68	16 785,44	9 707,41	27 492,85	76 382,21

Conclusion

Le territoire *Coeur du Bassin*, ensemble des trois communes de Biganos, Audenge, Lanton, constitue un territoire de projet, créé autour d'un projet commun de développement touristique local, fondé sur les valeurs de l'écotourisme. Cette intercommunalité, qui doit son appellation au fait qu'elle soit située à égale distance entre les deux extrémités du Bassin d'Arcachon, que sont Lège-Cap Ferret et Arcachon, se caractérise par l'importance de la surface boisée de son territoire, couvert à près de 50% par le massif forestier des Landes de Gascogne ; et par un linéaire côtier d'une quinzaine de kilomètres de long. Grâce à la diversité des patrimoines identitaires locaux, naturel/forestier, maritime/ostréicole, architectural/historique, l'OTI *Cœur du Bassin*, acteur fédérateur de ce territoire, décline une gamme de produits et d'animations en lien avec la nature afin de sensibiliser les publics à sa préservation.

A cela s'ajoute, l'engagement de l'office dans une démarche environnementale associant les prestataires touristiques locaux pour un positionnement nouveau. En effet, depuis l'intégration de Biganos au sein de l'OTI en 2009, ce dernier a affirmé sa volonté d'une part de planifier un développement touristique respectant les principes fondamentaux de l'écotourisme ; et d'autre part de renforcer son rôle en matière de gouvernance des prestataires locaux. Par ailleurs, le *Cœur du Bassin* bénéficie de son intégration dans le périmètre d'intervention d'acteurs institutionnels forts, tels que le Parc Naturel Régional des Landes de Gascogne et le Pays du Bassin d'Arcachon Val de l'Eyre, qui travaillent à la définition d'une politique de développement territorial fondée sur les valeurs de l'écotourisme, véritable tremplin à un ancrage écotouristique pérenne.

Face à ce contexte territorial, une étude de faisabilité quant à la planification d'un développement écotouristique pérenne a été commandée par l'OTI *Cœur du Bassin*. Elle a tout d'abord consisté en le recensement exhaustif des aménités territoriales et des données géo-démographiques afin de dresser un portrait de territoire.

Parallèlement, une grille d'évaluation écologique a été élaborée et soumise aux prestataires touristiques locaux dans l'objectif de dégager le degré d'engagement de chacun dans une démarche environnementale. Puis, l'ensemble des données récoltées a été mis en exergue dans la définition d'une stratégie de développement écotouristique, appuyée d'un plan d'actions budgété et rétro-planifié.

Les éléments recensés dans l'état des lieux et analysés dans le diagnostic ont permis de dégager une stratégie globale afin d'identifier l'OTI comme structure de référence en matière de développement touristique durable sur le Bassin d'Arcachon, pour finalement faire du *Cœur du Bassin*, le berceau de l'écotourisme arcachonnais. Cet objectif est accompagné de la déclinaison d'un plan d'actions faisant apparaître de façon chronologique et prioritaire les actions nécessaires à mettre en place pour y parvenir. Dans un premier temps, il s'agit de s'intéresser à la politique de marketing territorial par la création d'outils de sensibilisation et de promotion innovants ; tout en travaillant à la bonne gouvernance des prestataires locaux. Puis, le plan d'actions se concentre sur le volet institutionnel à travers la mise en place de partenariats avec les associations locales et le renforcement du lien avec les acteurs institutionnels intégrant le *Cœur du Bassin* dans leur périmètre d'intervention. Enfin, les dernières actions envisagées permettent de consolider le rôle de l'OTI en tant que structure de référence en matière de développement durable par la création de nouvelles formules d'animations et l'achat de produits écologiques en lien avec ces dernières ; ainsi que par l'installation de points informations sur l'environnement au sein des antennes de l'OTI et la mise en place d'une signalétique d'interprétation sur les sites d'intérêt.

Finalement, cette stratégie de développement territorial, fondée sur les valeurs de l'écotourisme, doit permettre au *Cœur du Bassin*, d'ancrer de façon pérenne son positionnement nature et d'être identifié en tant que destination écotouristique. Une telle reconnaissance pourrait à terme conduire le territoire à tendre vers l'obtention de labels environnementaux, le qualifiant alors d'autant plus d'entité naturelle préservée.

Webographie

❖ **Sites Internet :**

➢ Agence de l'environnement et de la maîtrise d'énergie, consultation du 2 avril au 20 mai 2011, Disponible sur : http://www2.ademe.fr/

➢ Comité Régional du Tourisme d'Aquitaine, consultation du 2 avril au 30 juin 2011,
Disponible sur : http://www.tourisme-aquitaine.fr/fr/default.asp

➢ Communauté d'agglomération du Bassin d'Arcachon Sud, consultation du 4 avril au 30 juin 2011, Disponible sur : http://www.agglo-cobas.fr/

➢ Communauté de communes du Bassin d'Arcachon Nord, consultation du 4 avril au 30 juin 2011, Disponible sur : http://www.coban-atlantique.fr/

➢ Office de Tourisme Intercommunal du Cœur du Bassin, consultation du 4 avril au 30 juin 2011, Disponible sur : http://www.tourisme-coeurdubassin.com/

➢ Office de Tourisme du Seignanx, consultation du 13 au 30 juin 2011,
Disponible sur : http://www.seignanx-tourisme.com/

➢ Parc Naturel des Landes de Gascogne, consultation du 4 avril au 30 juin 2011 :
Disponible sur : http://www.parc-landes-de-gascogne.fr/

➢ Pays Bassin Arcachon Val de l'Eyre, consultation du 4 avril au 30 juin 2011 :
Disponible sur : http://www.leader-paysbarval.com/

➢ Syndicat Intercommunal du Bassin d'Arcachon, consultation du 4 avril au 30 juin 2011,: Disponible sur : http://www.siba-bassin-arcachon.fr/

➢ Syndicat mixte du Bassin d'Arcachon Val de l'Eyre, consultation du 4 avril au 30 juin 2011, Disponible sur : http://www.sybarval.fr/

➢ Ville d'Audenge, consultation du 4 avril Au 30 juin 2011,
Disponible sur : http://www.mairie-audenge.fr/

➤ Ville de Biganos, consultation du 4 avril 2011 au 30 juin 2011,
  Disponible sur : http://www.villedebiganos.fr/

➤ Ville de Lanton, consultation du 4 avril au 30 juin 2011,
  Disponible sur : http://www.mairie-lanton.fr/

❖ **Dossiers pdf**

➤ BLANGUY S., DUBOIS G., KOUCHNER F. (2002), *Etat des lieux de l'écotourisme en France, l'écotourisme, un concept fructueux pour le tourisme français*, 8p
  http://www.tec-conseil.com/IMG/pdf/esp_ecot.pdf

➤ JOBOURG, *Les trois piliers du développement durable : historique et bilan de la politique française*, 27p
  http://www.planetecologie.org/JOBOURG/Francais/PartenairesContenu/Trois PilierDD.pdf

➤ OMT (2002), *Le marché français de l'écotourisme*, 10p
  http://62.36.224.157/WebRoot/Store/Shops/Infoshop/Products/1253/1253-2.pdf

➤ PAQUET J. (2010) : *L'application des principes du développement durable : le cas du tourisme*, 20p
  www.enap.ca/leppm/docs/Rapport9_environnement_web.pdf

➤ PNRLG (2011), *Avant projet de Charte*, 112p
  http://charte.parc-landes-de-gascogne.fr/cms/?target=download

➤ SIBA (2008), *Quantifier et qualifier la fréquentation touristique du Bassin d'Arcachon*
  http://www.siba-bassin-arcachon.fr/IMG/pdf/etude_SIBA.pdf

Table des illustrations

❖ **Cartes**

CARTE 1 : LE PATRIMOINE NATUREL REGIONAL 27

CARTE 2 : LE LITTORAL AQUITAIN 29

CARTE 3 : LES COMMUNES DU BASSIN D'ARCACHON 30

CARTE 4 : REPARTITION DES TOURISTES DANS LES BASSINS DE VIE D'AQUITAINE 32

CARTE 5 : LE *COEUR DU BASSIN* EN FRANCE 46

CARTE 6 : LE *COEUR DU BASSIN* EN AQUITAINE 46

CARTE 7 : LE *COEUR DU BASSIN* EN GIRONDE 46

CARTE 8 : LE *COEUR DU BASSIN* DANS LE TERRITOIRE DU SIBA 46

CARTE 9 : LE TERRITOIRE DU PAYS BARVAL 48

CARTE 10 : PERIMETRE DU PNRLG 50

CARTE 11 : LE TERRITOIRE COMMUNAL LANTONNAIS 54

CARTE 12 : L'URBANISATION DE LANTON 54

CARTE 13: LE TERRITOIRE COMMUNAL AUDENGEOIS 56

CARTE 14 : L'URBANISATION DE LA COMMUNE D'AUDENGE 57

CARTE 15 : PLAN DES DOMAINES DE CERTES ET GRAVEYRON 59

CARTE 16 : LE TERRITOIRE COMMUNAL DE BIGANOS 60

CARTE 17 : L'ACCESSIBILITE DU TERRITOIRE *COEUR DU BASSIN* 64

CARTE 18 : LE RESEAU DE PISTES CYCLABLES SUR LE TERRITOIRE DU SIBA 64

CARTE 19 : LE RESEAU DE CHEMINS DE RANDONNEE SUR LE TERRITOIRE DU SIBA...... 65

CARTE 20: REPARTITION DES HEBERGEMENTS MARCHANDS PAR COMMUNE 67

CARTE 21 : LE TERRITOIRE DU SEIGNANX EN AQUITAINE 87

CARTE 22 : LA COMMUNAUTE DE COMMUNES DU SEIGNANX 87

❖ **Figures**

FIGURE 1 : LES DIFFERENTES FORMES DE TOURISME ALTERNATIF 16

FIGURE 2 : CARTE D'IDENTITE DU TERRITOIRE *COEUR DU BASSIN* 31

FIGURE 3 : CARTE D'IDENTITE DE LA COMMUNE DE LANTON 55

FIGURE 4 : CARTE D'IDENTITE DE LA COMMUNE D'AUDENGE 58

FIGURE 5 : CARTE D'IDENTITE DE BIGANOS 61

FIGURE 6 : LA CAPACITE D'ACCUEIL PAR COMMUNE 68

FIGURE 7 : CARTE D'IDENTITE DE L'OTI *COEUR DU BASSIN* 79

FIGURE 8 : PLAN D'ACTIONS DE L'OTI *COEUR DU BASSIN* 81

FIGURE 9 : CARTE D'IDENTITE DU SEIGNANX 89

FIGURE 10 : SCHEMA RECAPITULATIF DE LA STRATEGIE 107

FIGURE 11 : LE PLAN D'ACTIONS INTEGRE A LA STRATEGIE 120

❖ **Graphiques**

GRAPHIQUE 1 : REPARTITION DES SEJOURS ET NUITEES 32

SUR LA PERIODE DE MAI A SEPTEMBRE 2009 32

GRAPHIQUE 2 : FREQUENTATION DU TERRITOIRE AQUITAIN PAR ZONE 33

GRAPHIQUE 3 : FREQUENTATION DES COMMUNES DU BASSIN D'ARCACHON 34

GRAPHIQUE 4 : LES FACTEURS D'ATTRACTIVITE DES CLIENTELES TOURISTIQUES EN

AQUITAINE ET SUR LE LITTORAL 36

GRAPHIQUE 5 : LES FACTEURS D'ATTRACTIVITE DES CLIENTELES TOURISTIQUES DU

BASSIN D'ARCACHON 37

❖ **Tableaux**

TABLEAU 1 : L'ORIGINE GEOGRAPHIQUE DES TOURISTES 38

TABLEAU 2 : LE PROFIL DES TOURISTES 39

TABLEAU 3 : LE MODE D'HEBERGEMENT DES TOURISTES 40

TABLEAU 4 : LES MOTIFS DE SEJOURS DES TOURISTES 41

TABLEAU 5 : VERIFICATION DE L'ADEQUATION DES CLIENTELES 44

TABLEAU 6 : CORRESPONDANCE DES AXES STRATEGIQUES 50

TABLEAU 7 : LES HEBERGEMENTS SUR LE *CŒUR DU BASSIN* 66

TABLEAU 8 : L'OFFRE DE LOISIRS DU TERRITOIRE *COEUR DU BASSIN* 69

TABLEAU 9 : L'OFFRE DE PRODUITS DE L'OTI *COEUR DU BASSIN* 72

TABLEAU 10 : EXTRAIT DES RESULTATS DE L'AUDIT ECOLOGIQUE DES PRESTATAIRES DU TERRITOIRE *COEUR DU BASSIN* 76

TABLEAU 11 : LES ACTEURS DU TERRITOIRE *COEUR DU BASSIN* 86

TABLEAU 12 : REPARTITION DES HEURES DU CHARGE DE MISSION PAR ACTION 118

TABLEAU 13 : RETRO-PLANNING DES ACTIONS 141

TABLEAU 14 : BUDGET GLOBAL, REPARTI PAR ACTIONS ET PAR ANNEES 142

ANNEXES

Sommaire des annexes

ANNEXE I : GRILLE D'EVALUATION ECORESPONSABLE 152

ANNEXE II : DEVIS DE L'AGENCE DE COMMUNICATION SEPPA ... 153

ANNEXE III : DEVIS DE L'AGENCE DE CONSEIL EN
MARKETING&COMMUNICATION 158

ANNEXE IV : DEVIS L'AGENCE DE SIGNALETIQUE TOURISTIQUE AD-
PRODUCTION 159

Annexe I : Grille d'évaluation écoresponsable

Réalisé par :   Date de rencontre :

Grille d'évaluation écotouristique

Encart d'identification de l'installation

Type d'installation :	Propriétaire :
Nom de l'installation :	Classement :
Lieu :	Label(s) :
Date de construction :	Capacité d'accueil *(nb ch/empl – lits tql)* :

Caractéristiques (services annexes) :

État des lieux des éco-pratiques touristiques

THEME	CATEGORIE	CONSTAT	POINTS
Les déchets	Le tri sélectif : carton-plastique-journaux-boîte métallique/verre		
	Le compostage : biodégradation des déchets organiques		
L'éclairage	Les ampoules basse consommation : production de lumière par fluorescence		
	La gestion de l'éclairage : détecteur de présence/minuteur		
L'électricité	Les appareils électroménagers : classe énergétique A-B/mise en veille-hors tension		
L'eau	La réduction du débit d'eau : chasse d'eau à double débit/économiseur d'eau sur robinet-douche		
	La récupération des eaux de pluie : système de cuve/réutilisation: arrosage-chasse d'eau		
	Le contrôle du niveau d'eau des piscines: dispositif de limitation de la hauteur de l'eau des bassins		
L'eau	Le traitement de l'eau des piscines : limitation du traitement chimique		
Le chauffage	La période de chauffe : mise en réduit la nuit		
	La température ambiante des pièces : 19°C dans les pièces à vivre/16°C en chambre		

Les réflexes éco-citoyens

L'isolation	L'exposition du bâti : *utilisation de la topographie du terrain : implantation plein sud/ à l'abri des vents*						
	Type de vitrage : *double vitrage/vitrage à isolation renforcée*						
	Diagnostic de performance énergétique : *Classe A - B*						
La construction Le revêtement	Les matériaux de construction : *bois, brique, pierre, tuile*						
	Le revêtement des murs/sols : *produit (peinture, colle) écolabellisé, sans solvant, à base d'éléments naturels*						
	Le revêtement de la voirie : *discret et perméable*						
L'entretien	Les produits d'entretien : *reconnus non nocifs, écolabellisés*						
Le traitement paysager	**La végétation :** *exploitation locale/plantation adaptée au sol et climat/traitement phytosanitaire non nocif*						
	Le contexte environnemental : *intégration de la végétation/respect de l'identité locale*						

154

Les missions d'éducation à l'environnement				
Sensibiliser	**Les éco-pratiques** : *tri sélectif/réduction des consommations d'énergie*			
	Les transports publics : *affichage des lignes et horaires/mise à disposition des plaquettes-plans*			
Communiquer	**L'éco-gestion de l'installation** : *affichage/guide/autre document*			
	La connaissance de la région : *proposition de visites-excursions/mise à disposition d'un fond documentaire (brochures, plaquettes...)*			
	La valorisation des produits locaux : *artisanat/gastronomie/culture traditionnelle*			
Montrer l'exemple	**L'impression des documents** : *recto-verso/papier recyclé/encre végétale*			
	La gestion documentaire : *numérisation des documents/téléchargement en ligne/envoi de courriel*			

Annexe II : Devis de l'agence de communication SEPPA

DEVIS N°1834

SIVU
Office de tourisme Intercommunal
A l'attention d'Emmanuelle LAVERNHE
1 route du stade
33 138 CASSY-LANTON

DATE : Mardi 22 juin 2010

OBJET : Conception d'un outil de promotion de l'éco tourisme

Description	Montant

1/ Création de la ligne graphique... **450 €HT**

2/ Réalisation du document d'exécution.. **600 €HT**
- Intégration et montage des textes et photos, exécution du document, échanges des BAT, réalisation du fichier HD pour impression.
- Propositions de photographies d'agence issues de la base iconographique SEPPA.
- Textes et photos restantes fournis par vos soins.

3/ Impression *(2 options de papier)*

Option 1.. **590 €HT**
- Nombre de pages : 4
- Format fermé : A5 / ouvert : A4
- Impression : quadri recto /verso
- **Papier recyclé : Oxygen* 140g**
- Façonnage : pliage + 2 points métal
- Quantité : 5 000 ex.
- Livraison : Office de tourisme de Lanton

Variante sur du 160 g = 650 €HT

*papier identique à celui de l'agenda de l'été

Za des Monts dits, 20 avenue des Mondières - 33270 Floirac - Bordô série 24 - Tramway Dravemont
Tél. 05 57 300 210 - Fax 05 56 260 007 - contact@agence-seppa.com - www.agence-seppa.com

156

Option 2..580 €HT

- Nombre de pages : 4
- Format fermé : A5 / ouvert : A4
- Impression : quadri recto /verso
- **Papier recyclé : Cyclus silk 150g**
- Façonnage : pliage + 2 points métal
- Quantité : 5 000 ex.
- Livraison : Office de tourisme de Lanton

Variante sur du 170 g = 600 €HT

Devis valable 1 mois, sous réserve du cours du papier.

157

Annexe III : Devis de l'agence de conseil en marketing&communication

Devis correspondant à 2 jours comprenant chacun 2 x 2 heures sur votre territoire, temps et coût de déplacement compris :

Emotio T. En Euros HT	Formateur/jour 900,00		TOTAL Taux de TVA : 19,6%		
	Nbre	Prix tot.	HT	TVA	TTC
Jour 1	1,0	900	900,00	176,40	1 076,40
Jour 2	1,0	900	900,00	176,40	1 076,40
Total	2,0	1 800	1 800,00	352,80	2 152,80

La TVA sera facturée au taux en vigueur à la date de facturation.

Variante : nous consulter.

Tarif de la journée de formation : 900 € HT

Notre prix comprend : le temps de préparation, d'animation, d'aide à la réalisation du guide des bonnes pratiques et les frais de déplacement pour se rendre et séjourner à Audenge.

Conditions de paiement : principe d'une facture de 30% à l'engagement et le solde, soit 70% post formation.

Délai de paiement : à 30 jours.

Numéro de déclaration d'activités de formation Emotio Tourisme : 72.64.02899.64

Bon pour accord du client, à.....................le........................

Signature, précédée de la mention Lu et Approuvé

Visa client

Emotio Tourisme
François Perroy, Dirigeant

Annexe IV : Devis l'agence de signalétique touristique ad-Production

n° 41 le 13.02.09.

mobilier urbain · signalétique touristique

DEVIS N° :	90208	

DATE	CLIENT	PAGE
09/02/2009	3221	1

O.T. INTERCOM. D'AUDENGE LANTON
Béatrice BUSQUET

1 Route du stade

33138   CASSY-LANTON

création graphique

impression gravure

signalétique verticale

orientation information

fléchage balisage

vitrines d'affichage

mobilier touristique

Retrouvez nos 2 catalogues !
Signalétiques touristiques

Références : PLANIMETRE CREATIV' AVEC BANDEAU SUPERIEUR

REF	DESIGNATION	Qté	Prix Uni. HT	TOTAL HT	Page
MEP 09P	PLAN DE SENTIERS DE RANDONNEES INTERCOMMUNAUX Réalisation cartographique en PAO Etude de votre plan à partir des éléments fournis par vos soins (plan de cadastre ou carte IGN, photos, textes, logos, etc...) Mise en valeur des parties boisées, des axes routiers, des rivières, du patrimoine local, des sentiers pédestres, pictogrammes, etc... Plan pratique et touristique Fichier informatique fourni sur CD Rom libre de droit. Une facture partielle correspondant à 80% du montant de cette conception graphique vous sera adressée à l'envoi de notre première maquette. Le solde sera à régler à la livraison de la commande.	1,00	1 172,00	1 172,00	05
IMP 111	PANNEAU pour PLANIMETRE Format du panneau : 1000 x 1200 mm Support PVC Komacel blanc 13 mm Vinyle imprimé recto en quadrichromie Protection anti-graffitis et anti-UV Garantie 5 ans	2,00	319,63	639,25	12
PLA 404	PLANIMETRE "CREATIV" avec bandeau supérieur Pin traité autoclave classe 4 2 poteaux ronds diamètre 125 mm 2 traverses rondes diamètre 80 mm	2,00	529,78	1 059,56	20

1, rue du Chant des Oiseaux - Pôle République II - 86000 POITIERS - FRANCE
Tél : 05 49 88 14 03   Fax : 05 49 88 12 62
e-mail : contact@ad-production.fr - site internet : www.ad-production.fr
S.A.S. au capital de 45 000€ - SIRET : 417 616 901 00027 - APE 3109B - Domiciliation bancaire : HSBC Poitiers 30056 00355 03552146941 70 - TVA Intracommunautaire FR73 417 616 901 00027

159

DEVIS N° :	90208

DATE	CLIENT	PAGE
09/02/2009	3221	2

O.T. INTERCOM. D'AUDENGE LANTON
Béatrice BUSQUET

1 Route du stade

33138   CASSY-LANTON

Références : PLANIMETRE CREATIV' AVEC BANDEAU SUPERIEUR

REF	DESIGNATION	Qté	Prix Uni. HT	TOTAL HT	Page
	Bandeau supérieur galbé en tôle aluminium 15/10 èmes blanc imprimé recto 1 à 4 couleurs Panneau intérieur non fourni : H 1000 x L 1,2 mètre x épaisseur 13 mm Garantie 10 ans Livré pré-monté Pose sur platines en option 2 fourreaux PVC à sceller				

Remarque :

Mode de règlement : Virement

Tél : 0557702655   Fax : 0557702758

CONDITIONS DE VENTE AU VERSO

Cordialement,
Florian LUCAS
Tél : 06 13 57 71 85

BON POUR COMMANDE
Nom + signature + tampon

FRAIS PORT : 66,62 €	TOTAL H.T. : 2 937,43 €
POIDS TOTAL : 127,00 Kgs	T.V.A. à 19,6 % : 575,74 €
VALIDITE du DEVIS : 3 MOI	TOTAL TTC : 3 513,17 €

NET A PAYER
en euros:
3 513,17 €

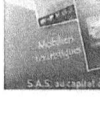

Table des matières

REMERCIEMENTS...I

GLOSSAIRE...II

SOMMAIRE IV

INTRODUCTION 1

ETAT DES LIEUX 3

I.   *Introduction à l'écotourisme : définition et enjeux d'une forme de tourisme palliative* 4

   A. Zoom sur le fait touristique : de la mondialisation du tourisme au développement durable 4

      1.   Le baromètre du tourisme : une activité génératrice de richesses et de déséquilibres de développement 4

      2.   Les impacts de l'activité touristique sur l'environnement................... 5

   B. Les fondements du développement durable : trois sommets, une définition et trois piliers.. 10

      1.   Naissance d'un concept : de l'écodéveloppement au développement durable 10

      2.   Une définition officielle et trois piliers fondamentaux...................... 12

   C. Le tourisme durable : héritier du développement durable et géniteur de l'écotourisme.. 14

      1.   Le tourisme durable, alternative au tourisme de masse...................... 14

      2.   Le tourisme durable dans tous ses états 15

   D. Etude de marché de l'écotourisme en France 18

      1.   Définition 18

      2.   L'offre écotouristique française 20

II.   *Etude des clientèles touristiques de l'Aquitaine au Cœur du Bassin d'Arcachon* 26

   A. Introduction des territoires d'étude 26

      1.   L'Aquitaine, … 26

2.   Le littoral 29

3.   Le Bassin d'Arcachon 29

4.   Le *Cœur du Bassin* 30

B.   Les tendances générales du tourisme sur ces territoires d'étude 32

1.   La fréquentation du territoire régional, entre concentration et

saisonnalité 32

2.   Les facteurs d'attractivité 35

3.   L'origine des clientèles touristiques 37

4.   Le profil des touristes 38

5.   Le type d'hébergement 39

6.   Les motifs de séjour 41

C.   Les clientèles touristiques d'Aquitaine face à celle de l'écotourisme 42

III. L'organisation du territoire Cœur du Bassin 46

A.   L'organisation territoriale 46

1.   Localisation du territoire 46

2.   Carte d'identité du territoire *Cœur du Bassin* 53

3.   Accessibilité du territoire 62

B.   L'organisation touristique 66

1.   Les prestataires touristiques du territoire 66

2.   L'offre touristique du *Cœur du Bassin* 70

3.   Résultat de l'enquête : audit écologique des prestataires touristiques

du territoire 73

C.   L'organisation institutionnelle 78

1.   L'institutionnel du territoire : l'office de tourisme intercommunal ... 78

2.   Les partenaires du territoire : SIBA, Pays BarVal, PNRLG (Cf. Partie

I. III.A.1.a.b.c.) 81

3.   Les autres partenaires, dépourvus de la compétence tourisme 82

IV. Benchmark territorial, zoom sur un exemple à suivre : la démarche

écotouristique du Seignanx 87

A.   Carte d'identité du territoire 87

1. Localisation du territoire 87

2. Les caractéristiques du territoire intercommunal du Seignanx 88

B. L'engagement écotouristique du Seignanx 91

1. Les enjeux de la démarche écotouristique 91

2. Le déroulement de la démarche 92

3. Les outils créés 93

DIAGNOSTIC **95**

I. Le réseau d'acteurs *96*

II. Les aménités territoriales *98*

III. L'activité touristique *99*

IV. La démarche environnementale *101*

STRATEGIE **103**

I. Axe I : Animation et sensibilisation des publics sur le thème de l'environnement *108*

A. Objectif 1 : Diversifier la gamme de produits organisés et encadrés par l'OTI autour de la valorisation et de la préservation des patrimoines identitaires locaux. 108

B. Objectif 2 : Inciter à l'éco-responsabilité des publics que sont le personnel de l'OTI, les prestataires et les visiteurs accueillis. 109

II. Axe II : Renforcer le réseau d'acteurs/partenaires pour une adhésion maximale aux principes de la démarche écotouristique. *109*

A. Objectif 1 : Fédérer les prestataires (hébergeurs et de loisirs) du territoire *Cœur du Bassin* en un réseau d'éco-acteurs respectant les valeurs de l'écotourisme. 110

B. Objectif 2 : Accentuer la collaboration avec les institutionnels dont le territoire de projet intègre le *Cœur du Bassin.* 110

C. Objectif 3 : Développer les partenariats avec le réseau associatif local .. 110

III. Axe 3 : Définir une politique de marketing territorial pour identifier le territoire comme destination écotouristique. *111*

A. Objectif 1 : Faire évoluer l'appellation de l'OTI en une marque de territoire *Cœur du Bassin*, reflet de ses valeurs patrimoniales et de son offre touristique..112

B. Objectif 2 : Elaborer un plan de communication promouvant le positionnement écotouristique du territoire 112

PLAN D'ACTIONS...**113**

ACTION 1 :..121

Rédiger un guide des écopratiques 121

ACTION 2 :..123

Animer des ateliers de formations sur le développement durable...........123

ACTION 3 :..125

Définir le code de la marque..125

ACTION 4 :..127

Créer un site Internet dédié...127

ACTION 5 :..129

Solliciter les associations de développement local 129

ACTION 6 :..131

Créer de nouvelles formules de produits 131

ACTION 7 :..133

Instituer une veille institutionnelle et documentaire efficace 133

ACTION 8 :..135

Décliner une gamme de produits souvenirs écologiques........................135

ACTION 9 :..137

Installer des points informations sur le développement durable 137

ACTION 10 :..139

Mettre en place une signalétique d'interprétation du patrimoine...........139

CONCLUSION...**143**

WEBOGRAPHIE...**145**

TABLE DES ILLUSTRATIONS...**147**

ANNEXES 150

SOMMAIRE DES ANNEXES 151

TABLE DES MATIERES 163

www.ingramcontent.com/pod-product-compliance
Lightning Source LLC
Chambersburg PA
CBHW021053210326
41598CB00016B/1194